汉竹编著・健康爱家系列

段晓雯・著

江苏凤凰科学技术出版社
全国百佳图书出版单位
・南京・

图书在版编目（CIP）数据

懒人低糖烘焙 / 段晓雯著 . — 南京：江苏凤凰科学技术出版社，2021.8
（汉竹·健康爱家系列）
ISBN 978-7-5713-2298-4

Ⅰ . ①懒… Ⅱ . ①段… Ⅲ . ①烘焙—糕点加工 Ⅳ . ①TS213.2

中国版本图书馆 CIP 数据核字 (2021) 第 168208 号

中国健康生活图书实力品牌

懒人低糖烘焙

著　　者　段晓雯
编　　著　汉　竹
责任编辑　刘玉锋
特邀编辑　张　瑜　仇　双　朱崧岭
责任校对　仲　敏
责任监制　刘文洋

出版发行　江苏凤凰科学技术出版社
出版社地址　南京市湖南路1号A楼，邮编：210009
出版社网址　http://www.pspress.cn
印　　刷　合肥精艺印刷有限公司

开　　本　720 mm × 1 000 mm　1/16
印　　张　10.5
字　　数　200 000
版　　次　2021年8月第1版
印　　次　2021年8月第1次印刷

标准书号　ISBN 978-7-5713-2298-4
定　　价　39.80元（附赠：烘焙视频）

想吃蛋糕又怕发胖?

想吃面包又怕热量高?

想自制减糖饼干又担心口感不佳?

……

在“吃货”的世界里，美食和减肥是两大主旋律，常常又想吃又想瘦。面对香软的蛋糕、松软的面包、酥脆的饼干，许多人都是一边咽口水，一边克制。本书提供的烘焙方在不影响甜品口感的前提下，适当减少了用糖量，好吃不易发胖。

书中从自制烘焙所需要准备的工具、基础原料、调味料开始介绍，融合了烘焙操作注意事项、烘焙制作技巧等，还提供了多种减糖蛋糕、面包、饼干、下午茶甜点的制作方法，一步一图，简单易学，即使是零基础的烘焙爱好者也适用。

第一章 烘焙入门

第二章 香软蛋糕，迸发出满心·甜蜜

第三章 咬一口面包，溢满唇齿的芬芳

第四章 脆脆小饼干，天天好心情

第五章 美味下午茶，享受点滴惬意时光

第一章 烘焙入门

新手自己在家做减糖烘焙，需要准备哪些工具、原料？有哪些一次成功的制作窍门？需要在操作时注意什么细节？……在本章节中告诉您答案。

好工具是烘焙成功的利器

不少人想学做烘焙，却迟迟没有行动，认为烘焙不仅要下功夫琢磨，还要购入多种原料、设备和工具，既是个烧钱的事儿，也是个麻烦事儿。本章从基础、简单处入手，给新手一份烘焙入门工具购置建议，有经验的读者可以根据需要自行购置。

烘焙工具

烤箱

烤箱是烘焙重要的基本设备之一。家用烤箱品牌多，款式多样，容量也有大有小，需根据自己的预算和需求购置。

用烤箱烘焙时要注意用电安全。

容量：如果平时只做饼干、小蛋糕等简单烘焙，且一次不做太大量，可以选择 18~30 升的烤箱；如果使用烤箱频率比较高，经常做大蛋糕、面包等，可以选择 30 升以上的烤箱。

温度：初学烘焙时，很重要的一点是要掌握自家烤箱的温度，可以一次少量试验来了解烤箱内部温度特性。

上下独立控温：上下独立控温指的是烤箱上管和下管的温度分开单独调节。本书中的烤制方案给出了烤箱上下火温度，有的方案是上下火温度相同，有的则是上下火温度不同。上下火同温烤出来的效果不如分开控温的好，所以尽量选择购买上下火分开控温的烤箱。

烤盘手柄

烤盘手柄以结实、耐用为佳。宜选手柄表面有硅胶套的，不容易烫到手。

硅胶手柄不易烫手。

冷却架

刚出烤箱的烤盘温度一般都比较高，放在木制、塑料制的砧板或者桌子上，很容易把这些东西烫坏，所以需要将刚出烤箱的烤盘放在冷却架上冷却。

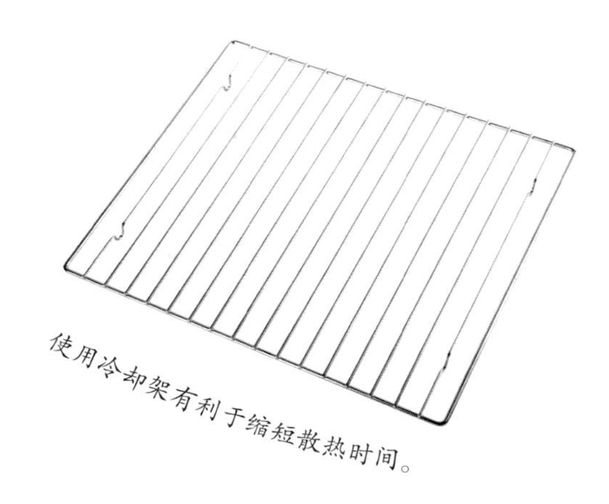

使用冷却架有利于缩短散热时间。

烤盘

一般购买烤箱的时候就会赠送烤盘，也可以根据需要再买其他不同尺寸的烤盘或者不粘烤盘备用。

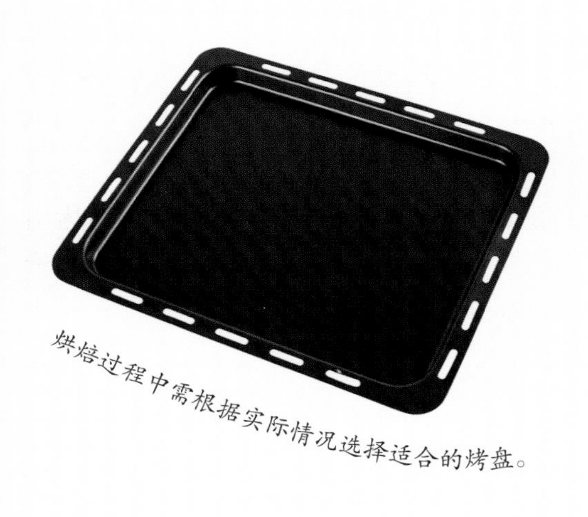

烘焙过程中需根据实际情况选择适合的烤盘。

耐高温手套

刚烤出的食物不能直接用手触碰，以防烫伤，需戴着耐高温手套从烤箱中取出烤盘后冷却片刻。

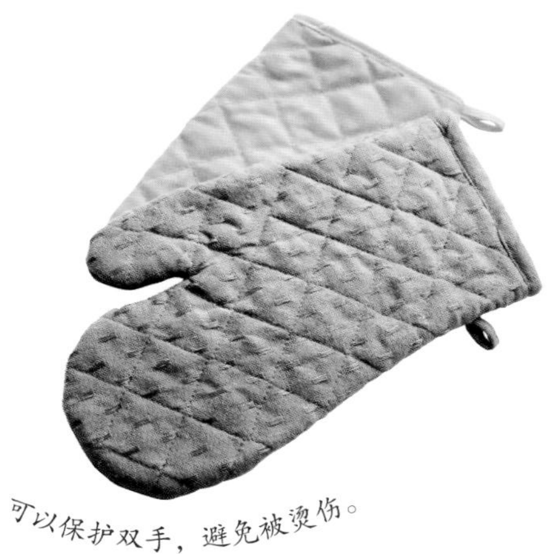

可以保护双手，避免被烫伤。

烤箱温度计

每个品牌的烤箱都有自己的“脾气”，温度也没有统一标准，而烘焙对温度要求十分严格，烤箱温度计可以帮助你顺利完成烘烤过程，不用担心因温度不合适而影响口感的问题。

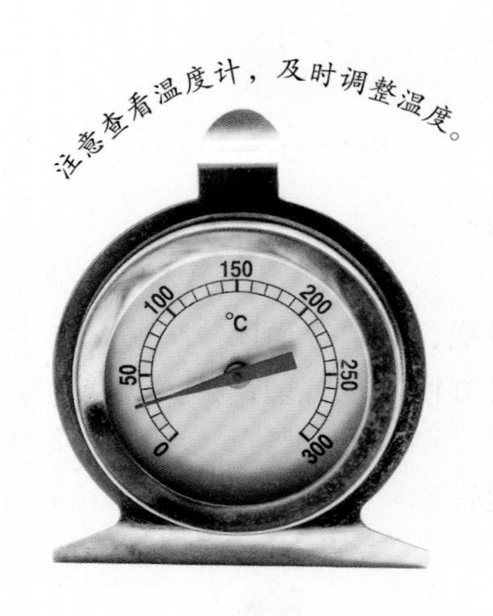

注意查看温度计，及时调整温度。

使用烘焙纸可以减少清洁烤盘的次数。

烘焙纸

为避免出现食物烤好后不易与烤盘分离的情况，烤食物时可选用不粘烤盘，也可以在普通烤盘上铺上烘焙纸或油布。

锡纸

锡纸一般指铝箔纸，主要用于厨房煮食或盛载食物，也可在烘焙时将其覆盖在食物表面，防止食物在烤箱内上色过深。

加盖锡纸可以防止食物烤糊。

制作工具

硅胶垫

硅胶垫可铺在用来制作饼干、蛋糕、面包等面团的操作台上，不仅方便清洗打理，而且防粘效果很好。一般宜选择有一定厚度又足够柔软的硅胶垫，以免在操作时滑动。

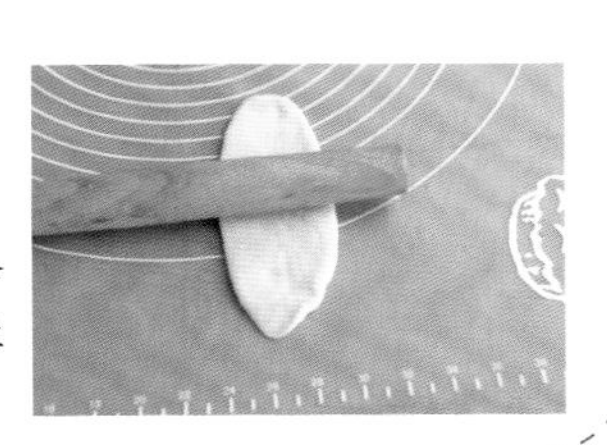

建议新手选择带有刻度的硅胶垫。

打蛋盆

打蛋盆宜选择底部圆滑的，建议一次买两个，大多数情况下，准备原料时，蛋黄和蛋清是要分开打的。

可根据需要选择大小合适的打蛋盆。

刮刀

刮刀以硅胶或橡胶材质较常见，刮刀可以把器皿上的剩余原料刮到一起，是常用的制作工具。

刮刀质软，适合搅拌面糊。

打蛋器

打蛋器可用来打发蛋清、蛋黄、黄油、奶油等，一般分为手动打蛋器和电动打蛋器两种。

手动打蛋器：短时间难以打出理想状态，适用于搅拌无需过分打发的鸡蛋糊、面糊等。

适合搅拌面糊。

电动打蛋器：打发需要高速搅打的食物时，宜选用电动打蛋器，如黄油、奶油等。电动打蛋器又分为桶式和手持式两种，可根据实际需要自行选择。此外，电动打蛋器的功率不尽相同，大家可根据自身需求选择合适功率的打蛋器，例如需长时间和高效率打发的食物，宜选择大功率的电动打蛋器。

适合打发黄油、奶油等。

面粉筛

购买面粉筛时，需要注意漏网密度。原料中的面粉、泡打粉等粉类过筛后，再和水或者油混合能够避免结块儿，做出的食物口感也会更细腻。

面粉过筛做出的成品会更细腻。

量勺和量杯

量勺：量勺一般都是一套，有1毫升、2.5毫升、5毫升、7.5毫升、15毫升或更大容量的。

称量少量材料时，量勺更方便。

量杯：量杯的容量大一点儿，可以根据自己的需要选择合适的量杯。

量杯可用于称量较大量的材料。

电子秤

烘焙对于原料分量的精准度要求很高，因此，要尽量使用有单位转换和去皮功能的电子秤。新手在烘焙入门的时候要逐渐摆脱凭借感觉和经验来拿捏分量的习惯，不随意改动配方里各种原料的分量，严格按照配方进行操作，否则很容易失败。

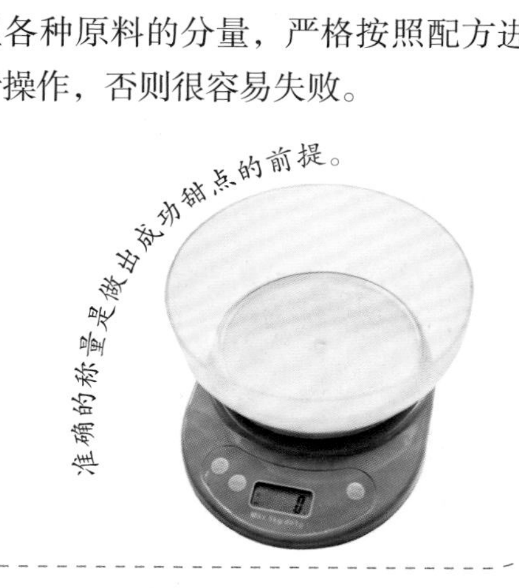
准确的称量是做出成功甜点的前提。

裱花袋和裱花嘴

裱花袋和裱花嘴在做曲奇饼干、给蛋糕裱花时会用到，换上不同的裱花嘴能够挤出不同的形状。做饼干时，裱花袋建议使用硅胶的或布质的，这样就不会因面糊浓稠破坏裱花袋了。给蛋糕裱花时建议使用塑料质地的。

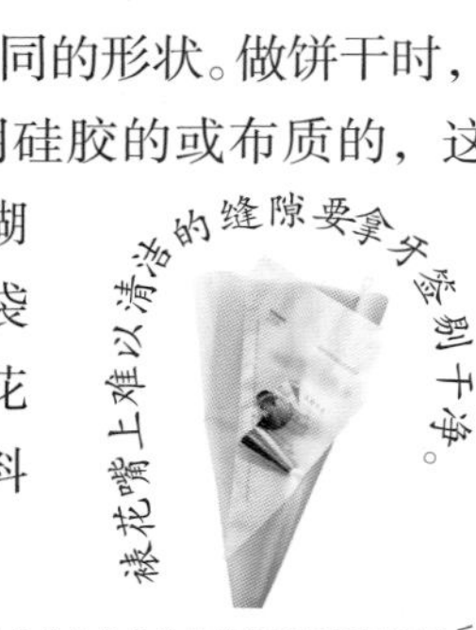
裱花嘴上难以清洁的缝隙要拿牙签剔干净。

油刷

常用的油刷有硅胶刷和羊毛刷，可根据需要购买。硅胶刷适合刷质地较硬的食物，例如肉类食物；羊毛刷质地柔软，适合刷饼干、面包等不能破坏造型的食物。

硅胶刷较耐高温。

模具

你喜欢什么形状，就可以选择什么形状的模具，可以根据自己的需要选择圆形、花形、方形以及卡通造型的模具；还可以用家里的杯子、瓶子等器具自制；或直接用锋利的刀子切割造型。

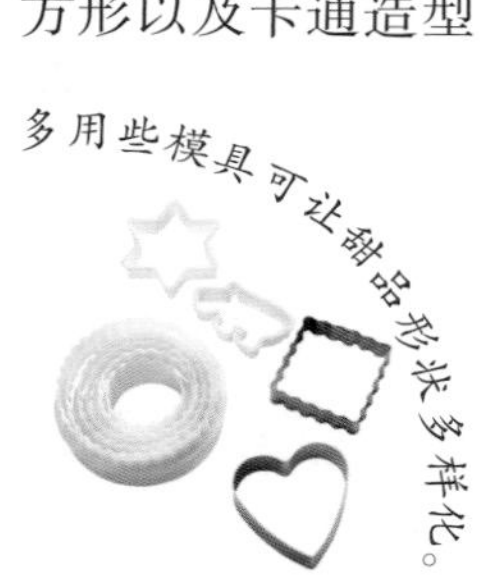
多用些模具可让甜品形状多样化。

除了上述介绍的一些工具外，做烘焙的过程中还需要用到其他的一些工具，比如烤网、华夫饼机等，可以根据需要自己添置。

基础原料的选择

面粉

按面粉中蛋白质含量的多少可以将面粉分为高筋面粉、中筋面粉、低筋面粉等。一般，高筋面粉适合做面包，中筋面粉适合做中式面点，低筋面粉适合做蛋糕、饼干及低麸质食品等。

高筋面粉

一般面粉中蛋白质含量为10.5%~13.5%是高筋面粉，多用于制作面包。蛋白质含量越高，筋度越高，吸水性越强。

中筋面粉

一般面粉中蛋白质含量为8%~10.5%是中筋面粉，多用来制作包子、馒头等各种中式面食、点心及派皮等。

低筋面粉

一般面粉中蛋白质含量为8%以下是低筋面粉，多用于制作蛋糕、饼干等。因为蛋白质含量低，所以筋度小，做蛋糕口感松软，做饼干口感酥脆。

基础原料类别众多，需严格根据参考配料选用。

其他粉

细玉米面粉

用细玉米面做蛋糕，是典型的粗粮细做。制作出来的蛋糕蓬松暄软，不但口感好，而且很有营养。

蛋糕预拌粉

包括小米蛋糕粉、黑米蛋糕粉等。

全麦粉

全麦粉是整粒小麦在磨粉时，仅仅经过碾碎，而不经过除去麸皮程序，是整粒小麦包含了麸皮与胚芽全部磨成的粉。

黑麦粉

是由黑麦磨成的粉，富含蛋白质和多种氨基酸，健康又营养。

大米面包粉

大米磨成粉与高筋面粉混合的粉类。

玉米淀粉

比低筋面粉筋度更小，制作饼干时，与低筋面粉混合使用，做出的饼干更酥脆。同时玉米淀粉也可与中筋面粉按比例混合，代替低筋面粉使用。

调味粉

无糖可可粉

可可粉是由可可豆加工处理所得的粉状物。本书中所用的为无糖可可粉。

无糖奶粉

这里的无糖奶粉指的是不加蔗糖的全脂奶粉，可以让我们做出来的甜点奶香味浓，口感更好，更酥松，同时，也能让成品颜色更漂亮。

抹茶粉

抹茶粉可以给食物增加清香的抹茶味，无论添加在面包、蛋糕或是饼干中都很出色，颜色漂亮，味道独特。

无糖可可粉

无糖奶粉

抹茶粉

发酵剂、膨发剂

泡打粉

泡打粉能使食物在受热后变得膨大，多用于蛋糕的制作，也会用在饼干制作中。烘焙时一定要注意用量，添加过多会使成品苦涩。购买时可选择无铝泡打粉。

小苏打

小苏打多用于饼干的制作，能使饼干口感更加酥脆。

干酵母粉

在购买酵母粉时，建议选择小包装，以免因放置时间过长而失去活性，导致面团发酵不理想。开封后的酵母粉要密封后放在冰箱保鲜层冷藏保存。制作面包时用耐高糖酵母粉。

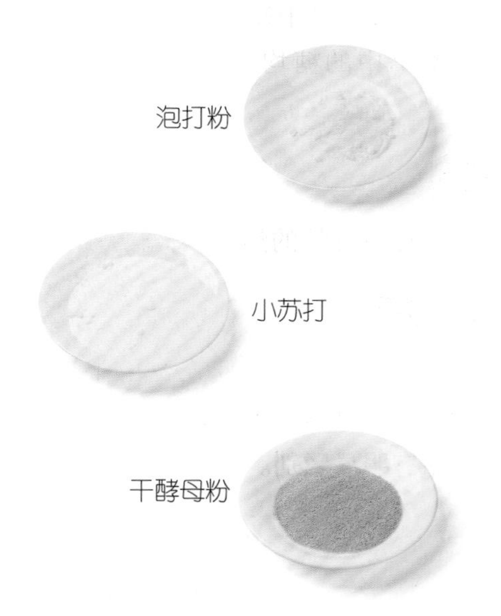

糖类

糖粉

糖粉指粉末状的糖。糖粉的用处很多，可以用来制作曲奇、蛋糕等，也可以用来装饰糕点。在做好的糕点表面筛上一层糖粉，外观会变得漂亮很多。

糖粉颗粒非常小，很容易与面糊融合，对油脂也有很好的乳化作用，可使油脂均匀细腻。因此，糖粉适合制作酥松的饼干，如曲奇饼干，它能使曲奇饼干看起来更加美观，花纹更加清晰；糖粉也能装饰饼干，如糖霜饼干必须用到糖粉；也能用来制作乳脂馅料，如奶酥馅等。

糖粉

白砂糖

通常我们说的细砂糖或者粗砂糖，都属于白砂糖。这是我们常接触的糖。事实上，白砂糖按照颗粒大小，可以分成许多等级，如粗砂糖、一般砂糖、细砂糖、特细砂糖、幼砂糖等。

粗砂糖一般用来做糕点、饼干的外皮，粗糙的颗粒可以增加糕点的质感。粗砂糖还可以用来做糖浆，但不适合用于曲奇、蛋糕、面包等的制作中，因为它不容易溶解，易在成品中残留较大的颗粒。

本书中的糖均指细砂糖，适合制作脆性的饼干。细砂糖的质地坚硬，所以做出的饼干口感较脆。

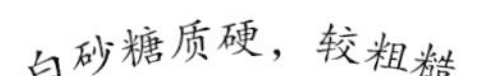

白砂糖

黄糖

黄糖有独特的焦香味，能够给饼干增添特殊的风味。

土红糖

土红糖是指用传统土法工艺熬糖技术熬制的红糖，不含人工添加剂，所产的红糖呈现小块状，与颗粒状的赤砂糖有明显区别。

土红糖会使甜点别具风味。

土红糖

油脂类

无盐黄油

黄油是烘焙的基础原料。其中，无盐黄油保持了黄油的原味，因为不含盐所以适合曲奇等饼干的制作；而有盐黄油不适合制作饼干，更适合涂抹面包、当作调味料或者作为成品食物食用。本书配方中使用的是无盐黄油。

黄油要跟有强烈异味的食品分开存放。

奶油奶酪、牛奶和淡奶油

奶油奶酪是一种发酵的牛奶制品，近似固体，色泽洁白，质地细腻，口感微酸，非常适合用来制作奶酪蛋糕。奶油奶酪开封后容易变质，要尽早食用。

牛奶和淡奶油也常用于制作蛋糕或者面包，是增加奶味的天然香味剂。

淡奶油主要用于蛋糕抹面裱花用，因原材料为动物性奶油，相对于植物性奶油更健康。

奶油奶酪需要冷藏保存。

其他材料

炼乳

炼乳是一种牛奶制品，通常是将鲜乳经真空浓缩或其他方法除去大部分的水分浓缩后，再加入蔗糖罐装制成的，它的特点是贮存时间较长。

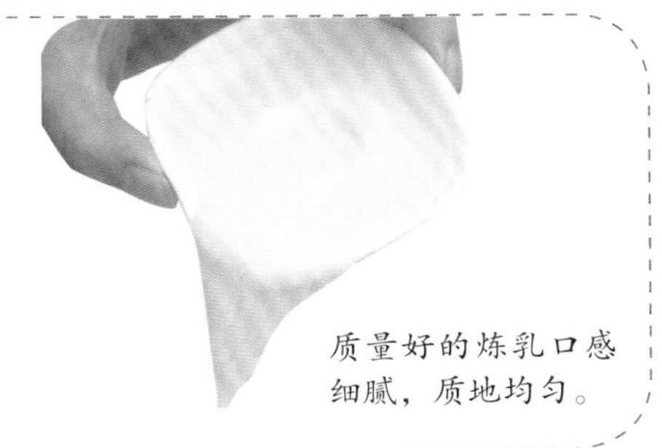

质量好的炼乳口感细腻，质地均匀。

鱼胶片

鱼胶片属于凝固类食材，主要用于制作果冻、慕斯等，能起到定型、稳定的作用。鱼胶片浸泡时尽量不要重叠，浸泡完后去除水分。鱼胶片加热成液体状时放凉待用，这时要注意放置时间不宜过长，否则鱼胶片又会重新凝固，会影响成品的质量。鱼胶片宜存放于干燥处，防止受潮粘结。

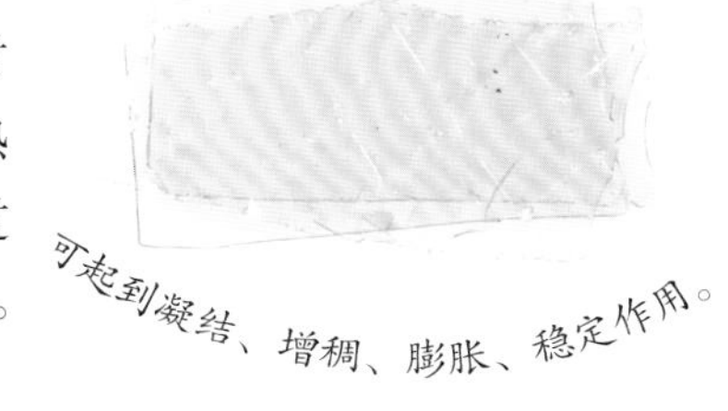

可起到凝结、增稠、膨胀、稳定作用。

香草精

香草精是一种从香草中提炼的食用香精，常用于糕点类的制作中，可去除蛋腥味或是制作香草口味点心。因为是浓缩香精，所以用量不宜太多，以免过于浓重的香草味覆盖了糕点原本的味道。

卡仕达酱

卡仕达酱是做法式甜点和甜馅饼常用的材料。卡仕达酱除了可以挤在面包表面做装饰，还可以夹在面包里或填入泡芙里做馅等，比如泡芙内馅、水果挞内馅、柠檬蛋糕夹心等。卡仕达酱完全冷却后即可使用，可放入冰箱保存，宜当天使用完毕。

卡仕达酱的做法：30 克蛋黄加 10 克糖搅匀，再加 4 克低筋面粉和 6 克玉米淀粉搅匀制成蛋糊，170 克牛奶煮沸后慢慢加入蛋糊中，边倒边搅拌，搅拌好后过一遍筛，过筛后的牛奶蛋糊倒回锅中，小火加热，边加热边搅拌至浓稠后关火，盖保鲜膜凉透即可。

烘焙制作技巧

烤箱一定要预热

在烘烤之前，必须将烤箱提前预热至需要的温度，可打开开关空烧一段时间，使食物进入烤箱时就能达到所需要的温度。烤箱的容积越大，所需的预热时间就越长，一般5~15分钟不等。比如配方中标注是160℃上下管烘烤，就需要提前将烤箱设置上下管160℃预热。如果需要转其他温度接着烘烤，则预热温度以第一次烘烤温度为准。

预热过程中可用烤箱温度计测量温度。

烤箱内可放一碗水再烘烤，烤好的点心不干不裂，成品效果好。

粉类要处理好

使用多种粉类时，要提前用手动打蛋器将所有粉类混合均匀，再用筛网过筛一遍，这样拌面团时会很容易拌匀。

在细网筛子下面垫一张较厚的纸或用盆接，将面粉放入后连续筛一到两次，这样可让面粉蓬松，做出来的饼干品质也会比较好。加入其他干粉类材料再筛一次，使所有材料都能充分混合在一起。如果添加了泡打粉之类的添加剂，则更需要与面粉一起过筛。

过筛的面粉更蓬松。

若没有中筋面粉，可在高筋面粉中添加适量玉米淀粉。若没有低筋面粉，可以用玉米淀粉和中筋面粉按1:4的比例混合后来代替低筋面粉。当然，这种做法制作出来的成品，口感会稍差一些。

粉类要严格按照配方要求来处理。

水浴法

水浴法（如右图所示），是指在最底层的烤盘装满水，上面架烤网，烤网上放蛋糕模具的烘烤方法。也可以把模具直接放进装满水的烤盘里进行烘烤，活底模具底部要包裹好锡纸，避免进水。

用水浴法烤出来的蛋糕比较嫩。

隔水加热法

隔水加热法一般用于融化巧克力或奶酪，即锅内烧热水，开小火保持热度但不要水沸腾，将食材放入盆中，再将盆放入热水中，将食材融化或软化。

此法可控制温度，也可使食材受热均匀。

发酵方法

面包的面团揉好之后需要进行发酵，一般发酵至两倍大，用手指蘸少许面粉在发酵好的面团上戳一个洞，这个洞不回缩、不塌陷就是发酵好了。如果回缩了证明还没发酵好，需要继续发酵；如果塌陷了证明发酵过了。

发酵过程中加盖保鲜膜或盖子，避免面团发酵过程中流失水分。

添加液体方法

做面包时，配方中的液体要酌情添加，如果所使用的面粉蛋白质含量较低，要适量减少液体的用量；如果蛋白质含量较高，可以酌情添加液体的用量。预留或增加液体的量，上下幅度在 10 克左右。

这里的液体指的是配方中的水、牛奶、蛋液、淡奶油、酸奶等流动性的液体。

电子秤称量。

控制食物上色程度

烘烤时要注意观察烤箱内食物上色的程度，一旦变成需要的颜色要及时盖锡纸，盖锡纸时要用磨砂的一面接触食物。

盖锡纸也能避免将食物烤糊。

烘烤时要垫上油纸

一般的烤盘是需要垫上油纸的，因为市面上大部分烤盘不具备防粘的功能，而且垫上油纸也省去了洗刷的麻烦，适合懒人。如果是不粘烤盘则可以不用垫油纸，但需要注意食物底部的颜色变化，因为此时烤盘与食物的颜色区分不太明显。

使用油纸可避免食物底部粘连烤盘。

融化巧克力

把整块巧克力切碎后放进耐热的碗里，也可使用捣碎的巧克力币或巧克力豆，再把盛有巧克力的碗放到炖锅里，隔水加热，加热约 5 分钟，巧克力变软后再搅拌至光亮顺滑。

需要注意的是，要将盛有巧克力的碗放置在 40~50℃的水里，而且要避免水液进入巧克力中，使其水脂分离。

如果不方便用热水融化巧克力，或比较急用，也可以用微波炉加热巧克力，用中小火加热，每隔一段时间便拿出来用刮刀搅拌一下，再继续加热，直到巧克力全部融化。

搅拌过程中要沿同一个方向搅拌。

分离蛋黄和蛋清

在碗边轻磕蛋壳，将蛋壳磕成两半后，在两半蛋壳之间，迅速把蛋黄倒来倒去，使蛋清流到碗里；也可以使用蛋黄、蛋清分离器；还可以将鸡蛋磕入碗中，将空的塑料瓶挤扁，然后放在蛋黄上面，松开手，蛋黄即可轻松吸入瓶中。

使用分离器更简单轻松。

摆放有间隔，不粘连

饼干烘烤后体积都会膨大一些，所以在烤盘中码放饼干坯时注意要留足够的间隔，以免烤完后饼干边缘相互粘连影响外观。同时，留有间隔还能使烘烤受热比较均匀，如果码放太密集，烘烤的时间会加长，烘烤出的成品也会受影响。

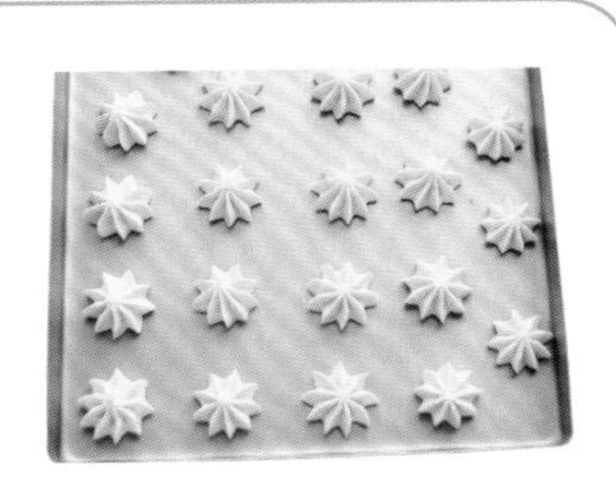

饼干或蛋糕摆放在油纸上不宜粘连。

掌握无盐黄油的状态

回温软化

无盐黄油从冰箱冷冻室或是冷藏室拿出来后，需要在室温下回温至合适的状态，即用手指轻轻摁下去，以没有阻力且会出现凹槽为宜。回温合适的无盐黄油搅打时会很容易与其他材料混合均匀。

回温至比较柔软的状态易搅拌。

打发状态

无盐黄油加糖打发后，颜色会变浅，体积略有膨大。

若效果不理想，可多打发一会儿。

加入蛋液打发后，颜色变得更浅，体积会明显变大，状态很轻盈，像羽毛一般。无盐黄油一定要打发充分，否则会直接影响到甜点的口感。

打发充分会使成品口感更好。

戚风蛋糕面糊拌和手法

戚风蛋糕是基础的蛋糕坯，口感绵软，质地细腻似云朵，富有弹性。但看似简单的蛋糕，要想制作成功绝非易事。因为是减少糖量的烘焙，蛋白霜减糖后会很容易消泡，所以一定要与其他食材迅速拌匀，避免蛋白霜大量消泡导致蛋糕烤制失败。下面介绍一下戚风蛋糕面糊的拌和手法。

取 1/3 蛋白霜放入蛋黄糊中，用手动打蛋器将二者轻柔地混合均匀。

取剩余蛋白霜的 1/2 加入蛋黄糊中，左手握住盆 12 点钟位置，右手拿刮刀从 1 点钟位置捞起面糊。

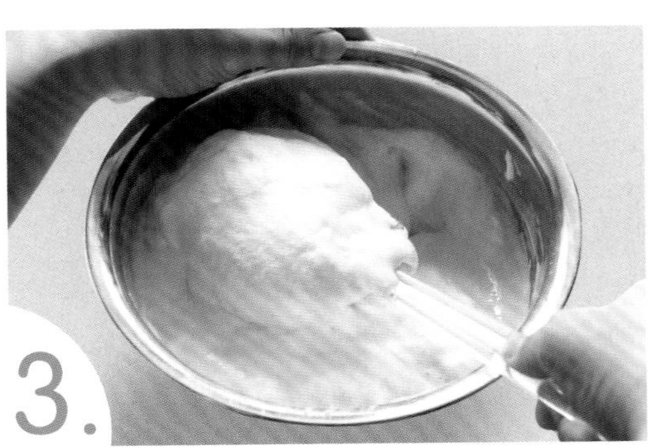

捞起面糊的同时，左手从 12 点钟位置逆时针旋转到 6 点钟位置。

将捞起的面糊扣在盆中央，重复以上步骤，动作要轻柔，迅速将其拌匀。

将拌好的面糊倒进盛有剩余蛋白霜的盆中。

再重复 2~4 的步骤，拌匀即可。

拌制饼干面糊

拌制饼干面糊时，拌好的面糊应为光滑、浓稠的状态。若过度用力搅拌饼干面糊，就会使烤出来的成品酥脆感变差，所以用轻柔的搅拌方式为佳，这样面糊拌好后可以直接使用。

① 左手扶住盆，右手持刮刀沿着盆壁从2点钟方向插入面糊底部。

② 刮刀挑起面糊扣压到盆中央，左手顺势转动盆。

③ 继续搅拌，直至无干粉状态，所有材料混合均匀呈光滑状即可。

保存要点

面包保存要点

面包烤好之后需要立刻取出，放在冷却架上，晾到微温的时候就可以装袋子里密封保存了。不要等到凉透，否则会加快面包的老化。

吃不完的面包需要冷冻储存。

面包保存时，一般3天内能吃完的就常温保存，3天内吃不完的，要提前放在冰箱冷冻室保存。一般不宜把面包放在冷藏室里，否则会加快老化，使面包变干。

饼干保存要点

饼干制作好以后需要妥善保存，才能保证它长期有较佳的口感。

首先，烤好的饼干要立刻从烤箱中取出，放在烤盘上静置2~5分钟，让它定型。切忌出炉后直接碰触饼干，因为直接碰触的话，饼干会碎掉，硬质的饼干除外。定型后将饼干取出放在冷却架上，充分散热冷却，直至饼干内外全都凉透，才可以放入密封罐或是密封袋中保存。若不将饼干从烤盘中取出放在冷却架上凉透，饼干底部的热气无法散发出去，产生水汽留在饼干内，就容易导致饼干在储存过程中变质，也会因为水汽无法散发让饼干变得不酥脆。

另外，大部分饼干是不能放入冰箱保存的，除了像马卡龙这种需要吸潮口感才好的饼干或是容易化的巧克力果酱类的饼干，其他大部分饼干不能受潮，受潮会影响口感。

饼干需凉透才可以放在密封罐中保存。

第二章

香软蛋糕，迸发出满心甜蜜

自制蛋糕操作复杂，不少人因此望而却步，但面对蛋糕时垂涎欲滴，又难以抑制跃跃欲试的心。那么，一起来学习一次成功的蛋糕烘焙方法吧，而且口感一点儿都不输买来的蛋糕哟，是不是心动了呢？

爆浆蛋糕

爆浆蛋糕是非常受欢迎的一款蛋糕，淡奶油制成奶盖淋面超级诱惑，在品尝时抽出慕斯围边，蛋糕顶部的奶盖就会像熔岩一样流淌下来，故名爆浆蛋糕。

准备食材

蛋糕材料：

蛋黄 70 克（约 4 个）
蛋清 145 克（约 4 个）
植物油 35 克
牛奶 70 克
低筋面粉 75 克
奥利奥饼干末 5 克
糖 30 克

奶盖材料：

淡奶油 200 克
奥利奥饼干碎适量
糖 10 克

▲制作要点

- 制作奥利奥饼干碎时需要把夹心去掉，巧克力饼干压碎使用。
- 戚风蛋糕要彻底冷却才可以脱模。
- 淡奶油用之前需要提前冷藏 24 小时才能打发。

烤制方案

爆浆蛋糕

烤箱温度	预热时间	烤制时间
上管 170℃ 下管 170℃	10 分钟	40 分钟

制作步骤

1. 蛋黄中加入植物油和牛奶，充分搅匀。

2. 筛入低筋面粉搅匀后，加入奥利奥饼干末拌匀。

3. 蛋清加糖（30克），用电动打蛋器打至蛋白霜能拉出大弯钩状态。

4. 蛋白霜分三次加到蛋黄糊（步骤2）中，拌和均匀（手法见第17页）。

5. 将面糊（步骤4）倒入中空戚风蛋糕模具中。

6. 放入预热好的烤箱下层，烤好后取出，冷却后倒扣脱模。

7. 淡奶油加糖（10克）打至六分发，略带流动性。

8. 蛋糕边围一圈慕斯围边，倒入淡奶油（步骤7），表面撒上奥利奥饼干碎即可。

卡通蛋糕卷

小朋友们大多喜欢卡通造型，这款卡通蛋糕卷造型可爱，质地松软，味道可口，很讨小朋友的欢心。

准备食材

蛋糕材料：

蛋清 125 克（约 4 个）
蛋黄 60 克（约 4 个）
鸡蛋液 50 克（约 1 个）
植物油 45 克
牛奶 65 克
低筋面粉 50 克
糖 30 克
无糖可可粉 15 克

夹心材料：

淡奶油 150 克
糖 10 克

装饰材料：

巧克力适量
奶酪片适量

制作要点

- 烤盘要提前铺油纸或者油布，也可以直接用防粘性好的不粘烤盘。
- 淡奶油打硬一些，这样卷的时候不容易露出馅。
- 卷蛋糕卷的时候要趁着蛋糕坯还有余热的时候卷，这样卷不易裂开。
- 蛋糕卷坯也可以加调味粉做成不同造型，如加抹茶粉做成青蛙的样子。
- 卷好的蛋糕卷要放入冰箱冷藏，让奶油凝固，方便分割。

烤箱温度	预热时间	烤制时间
上管 170℃ 下管 170℃	10 分钟	20 分钟

立体的卡通小熊真是童趣无限。

制作步骤

将低筋面粉和无糖可可粉筛入盆中。植物油微波炉加热2分钟，倒入粉里拌匀。

蛋黄和鸡蛋液搅打均匀，牛奶加热至60℃后缓缓倒入蛋液里，边加边搅拌。

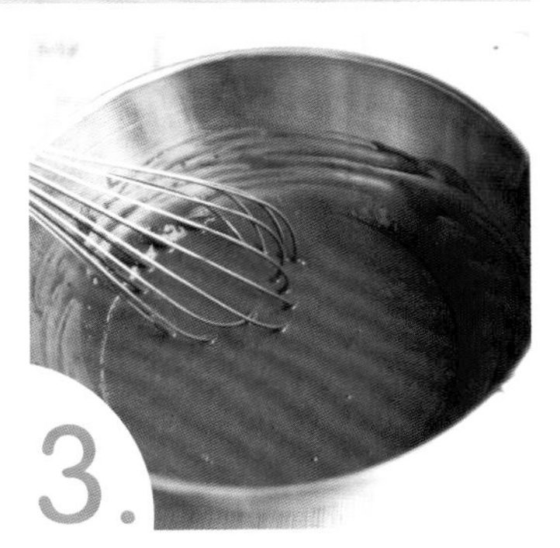

将面糊（步骤1）和蛋奶液（步骤2）混合，搅拌均匀，做成蛋黄糊。

蛋清加糖（30克），用电动打蛋器打至蛋白霜能拉出弯钩状态。

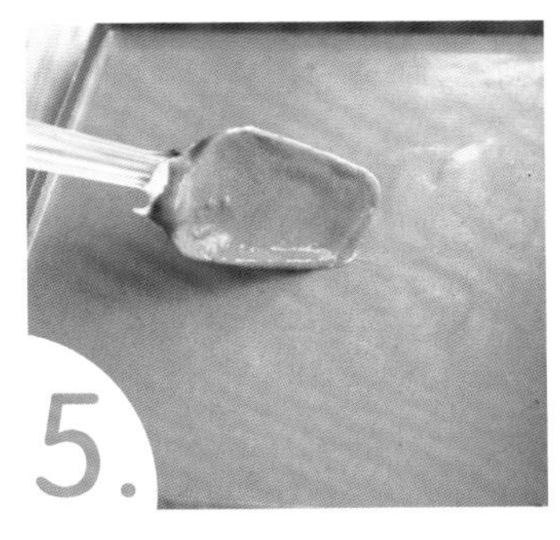

蛋白霜分三次加入到蛋黄糊中拌匀（手法参见第17页），倒进铺好油纸的烤盘中。

烤盘放入预热好的烤箱中层，烤好后取出，倒扣，撕掉油纸，切掉边。

淡奶油加糖（10克）打发，抹在略带余热的蛋糕坯上，用油纸卷成蛋糕卷，放入冰箱冷藏2小时。

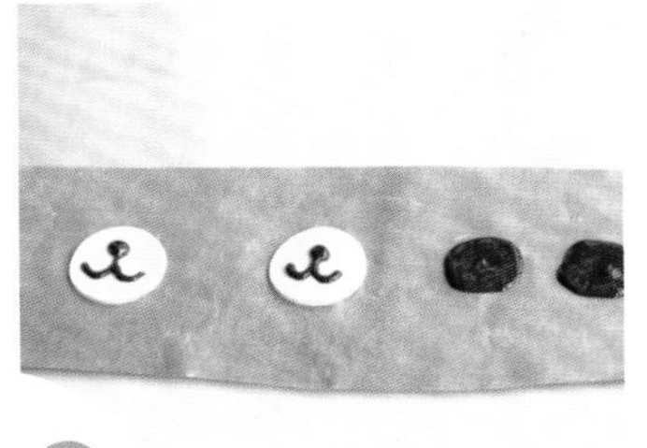

奶酪片用裱花嘴刻出圆形；巧克力隔水融化后放入裱花袋中，挤出耳朵、鼻子和嘴。放冰箱冷藏凝固。

将冷藏好的蛋糕卷切开，用融化的巧克力粘上凝固好的耳朵、鼻子、嘴，再用巧克力画出眼睛即可。

苦甜巧克力慕斯

苦甜巧克力慕斯的味道浓郁，入口即化，品尝这道慕斯就像吃巧克力冰激凌，却又不会凉到有刺激感。

准备食材

材料 A:

巧克力 100 克

淡奶油 80 克

牛奶 80 克

鱼胶片 12 克

材料 B:

淡奶油 150 克

 糖 10 克

材料 C:

巧克力蛋糕 1 片

制作要点

- 鱼胶片要提前用冰水泡软，需要泡 40 分钟左右。
- 巧克力蛋糕的做法（详见第 40~41 页），用量只需 1/3，需要提前制作好。
- 制作慕斯的模具可以选择慕斯模具、活底蛋糕模具。选择小烤盅或小塑料盒可以不用脱模，直接舀着吃。
- 巧克力宜选用纯巧克力，不要选择代可可脂巧克力，可可脂含量越高，巧克力味道越浓越苦，甜味越淡。

制作步骤

鱼胶片用冰水泡软，捞出略微控水。

牛奶加热后，放入泡软的鱼胶片搅拌均匀，晾到微温。

巧克力和淡奶油（80克）放入盆中隔水加热至融化，搅拌均匀制成巧克力酱。

将牛奶（步骤2）和巧克力酱（步骤3）混合搅拌均匀，制成巧克力液。

淡奶油（150克）加糖（10克）打发。

将巧克力液（步骤4）和打发好的淡奶油（步骤5）混合均匀，制成巧克力慕斯馅。

提前烤好的巧克力蛋糕（详见第40~41页）凉透后，横切一片铺在模具里。

将巧克力慕斯馅倒入模具中，放入冰箱冷藏6小时。

取出凝固成型的巧克力慕斯，切块（用电吹风的热风在慕斯模周围加热，便可轻松脱模）。

蓝莓玉米麦芬

蓝莓玉米麦芬质地细腻松软，美味可口。制作又非常简单，耗时较短，成功率较高，深受大家喜爱。

准备食材

普通面粉 65 克
细玉米面 60 克
泡打粉 1.5 克
小苏打 1 克
盐 1 克
植物油 40 克
酸奶 45 克
牛奶 23 克
鸡蛋液 30 克（约 1/2 个）
香草精 2 克
新鲜蓝莓 30 粒
糖 25 克

▲ 制作要点

- 液体和粉类混合时，只需要搅拌到没有干粉即可，不要过度搅拌。
- 配方中的参照烘烤时间适合模具底部 3 厘米左右的麦芬。实际操作中，需根据自己用的麦芬模具的大小调整烘烤时间，以竹签插入麦芬，拔出后竹签上没有黏着物为参照。

烤制方案

蓝莓玉米麦芬

烤箱温度	预热时间	烤制时间
上管 200℃ 下管 200℃	15 分钟	10 分钟

制作步骤

将普通面粉、细玉米面、泡打粉、小苏打和盐混合均匀。

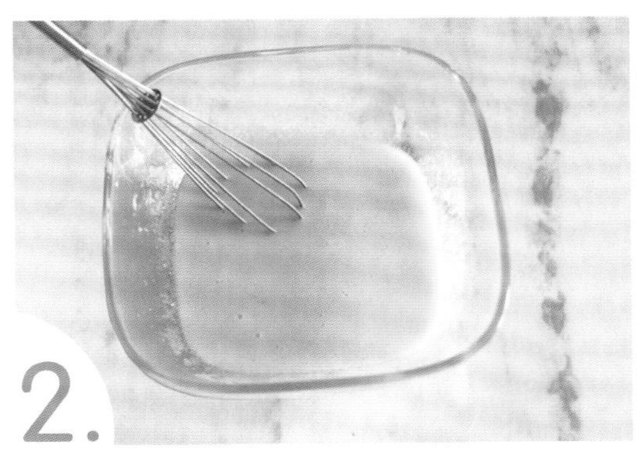

将植物油、酸奶、牛奶、鸡蛋液、香草精和糖混合均匀。

将混合好的粉（步骤 1）倒入混合好的液体（步骤 2）中，拌至无干粉状态。

加入新鲜蓝莓，搅拌均匀。

将蓝莓面糊分装到模具或烘焙纸杯模中，每个模中至少有 1 个蓝莓，然后放入预热好的烤箱中下层。

烘烤好后取出蛋糕，放在冷却架上，冷却后密封保存。

玛德琳

玛德琳是一款好吃且易做的小蛋糕，又叫贝壳蛋糕，造型可爱，鼓鼓的小肚子是它的标志。

准备食材

鸡蛋液 80 克（约 2 个）
低筋面粉 80 克
泡打粉 2 克
盐 1 克
无盐黄油 80 克
巧克力适量
糖 40 克
其他材料：
低筋面粉适量

制作要点

- 拌好的玛德琳面糊要冷藏才能更好地鼓起小肚子。至少冷藏 2 小时，冷藏一夜效果更好。

玛德琳蛋糕是法国风味小甜点，因普鲁斯特创作的文学作品《追忆似水年华》而风靡全球，成为一款带有怀旧情感的小蛋糕。

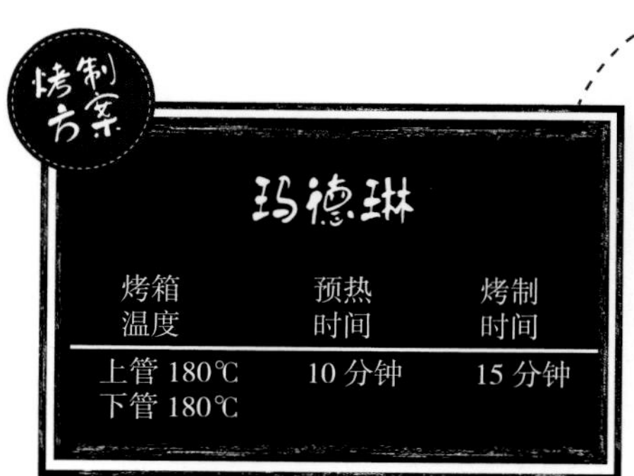

烤制方案

玛德琳

烤箱温度	预热时间	烤制时间
上管 180℃ 下管 180℃	10 分钟	15 分钟

制作步骤

无盐黄油加热融化成液体，备用。

在鸡蛋液中加糖搅拌至糖基本融化。

加入过筛好的低筋面粉、泡打粉和盐，搅拌均匀，呈面糊状。

面糊（步骤3）中加入融化的无盐黄油（步骤1），再次搅拌均匀。

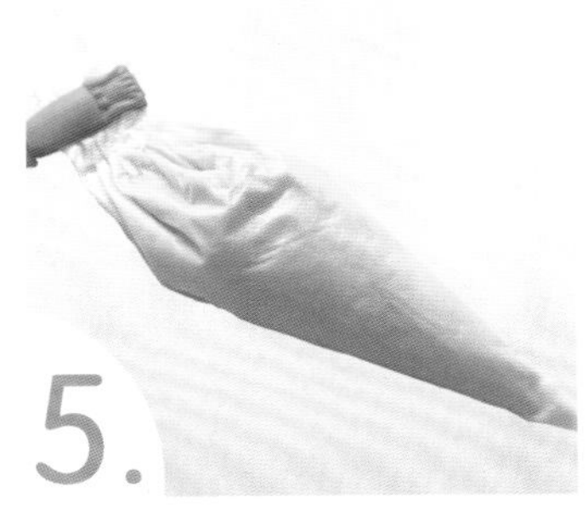

将面糊（步骤4）装入裱花袋里，放冰箱冷藏约2小时。

模具内刷一层薄薄的、融化的无盐黄油，撒适量低筋面粉做防粘处理。

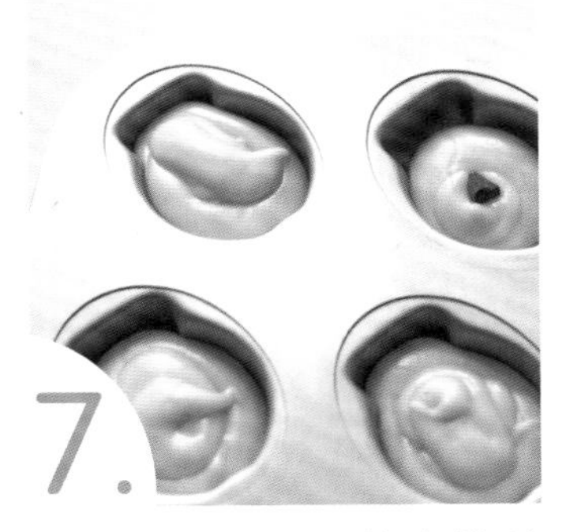

将冷藏好的面糊挤在模具中，在中间分别放入一小块儿巧克力作为夹心。

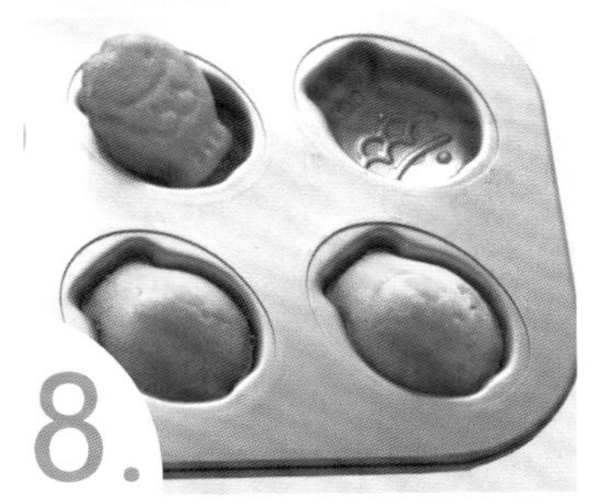

将盛有面糊的模具放入预热好的烤箱中层，烤好后立刻取出脱模。

奶油蛋糕

不需要裱花装饰的奶油蛋糕也可以很漂亮，这种简单的奶油蛋糕风格清新、干净，好看又好吃。

准备食材

蛋糕材料：

蛋黄 67 克（约 4 个）
蛋清 137 克（约 4 个）
植物油 33 克
牛奶 80 克
低筋面粉 90 克
糖 25 克

装饰材料：

淡奶油 150 克
水果适量
薄荷叶适量
糖 10 克

制作要点

- 淡奶油不要打得太硬，打至表面稍有纹路即可，更容易涂抹在蛋糕上。
- 没有中空戚风模具也可以用圆模，使用圆模需要适当降低温度，延长烘烤时间。

烤制方案

奶油蛋糕

烤箱温度	预热时间	烤制时间
上管 170℃ 下管 170℃	10 分钟	40 分钟

制作步骤

蛋黄中加入植物油，充分搅匀。

加入牛奶搅拌均匀，使其充分融合。

筛入低筋面粉，搅拌均匀，直至呈糊状。

蛋清加糖（25克），用电动打蛋器打成能拉出大弯钩状的蛋白霜。

蛋白霜分三次加到蛋黄糊（步骤3）中，翻搅均匀（手法参见第17页），倒入中空戚风蛋糕模具中。

放入预热好的烤箱下层，烤好后取出，倒扣。

待蛋糕冷却后脱模。

淡奶油加糖（10克）打至表面留下轻微纹路。

将淡奶油（步骤8）抹在蛋糕上，用抹刀或者勺子背面在蛋糕侧面压出痕迹，顶部用水果、薄荷叶装饰即可。

奶油蛋糕卷

做蛋糕卷简单又易上手，柔软有弹性的蛋糕坯，裹上白白胖胖的淡奶油，口感丝滑细腻。冰凉的奶油蛋糕卷，非常适合在夏日里作为下午茶食用。

准备食材

蛋糕材料：

蛋黄 75 克（约 4 个）
蛋清 145 克（约 4 个）
植物油 40 克
牛奶 85 克
低筋面粉 85 克
糖 30 克

馅料材料：

淡奶油 250 克
糖 10 克

制作要点

- 淡奶油要打得硬一些，用打蛋器打至表面留下明显的纹路，这样卷蛋糕卷时淡奶油不易漏出。
- 在这款基础奶油蛋糕卷上可以做各种变换，例如加可可粉、抹茶粉做成不同口味的蛋糕卷。
- 为了清洗方便，烤盘也可提前铺油纸。

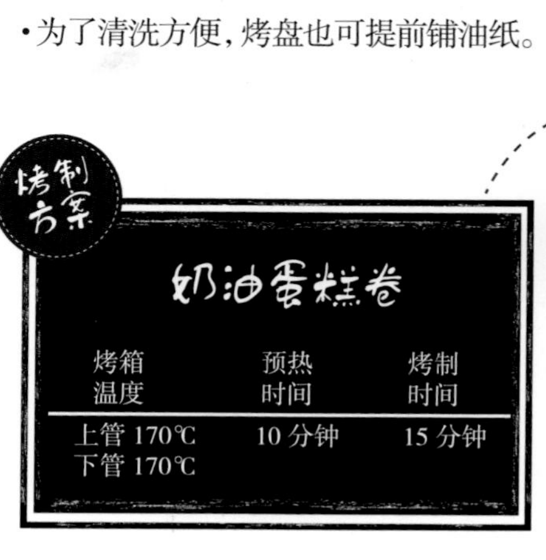

烤制方案

奶油蛋糕卷

烤箱温度	预热时间	烤制时间
上管 170℃ 下管 170℃	10 分钟	15 分钟

制作步骤

蛋黄中加入植物油充分搅匀，再加入牛奶搅拌至充分融合。

筛入低筋面粉，搅拌均匀，呈糊状。

蛋清加糖（30 克），用电动打蛋器打至蛋白霜能拉出弯钩状态。

取 1/3 的蛋白霜加入蛋黄糊（步骤 2）中，用手动打蛋器搅匀。

将剩下的蛋白霜分两次加入蛋黄糊（步骤 4）中，每次都要翻拌均匀（手法参见第 17 页）。

将面糊倒入烤盘中，放入预热好的烤箱中下层，烤好后取出，扣在冷却架上。

淡奶油加糖（10 克）打发。

待蛋糕晾到有余热时，将蛋糕坯四边切掉，将打好的奶油抹在蛋糕坯上。

用油纸将蛋糕坯卷起，放入冰箱冷藏 2 小时即可切块。可放薄荷叶做装饰。

柠香戚风

柠香戚风蛋糕质地松软，味道清新不腻，口感滋润嫩爽，是最受欢迎的蛋糕之一。

准备食材

蛋黄 70 克（约 4 个）
蛋清 180 克（约 5 个）
植物油 40 克
柠檬汁 15 克
水 55 克
低筋面粉 80 克
柠檬皮屑 1 克
薄荷叶适量
⚖ 糖 30 克

戚风是一种质料轻柔的雪纺薄纱，戚风蛋糕因为质感轻柔软绵似戚风而得名。

⚠ 制作要点

- 没有中空戚风蛋糕模具也可以用圆模，用圆模时需适当降低温度，延长烘烤时间。
- 也可用橙子代替柠檬。

烤制方案

柠香戚风

烤箱温度	预热时间	烤制时间
上管 170℃ 下管 170℃	10 分钟	45 分钟

制作步骤

蛋黄加植物油充分搅匀。

加入柠檬汁、水，并放入柠檬皮屑搅匀，使其充分融合。

筛入低筋面粉，搅拌均匀，制成蛋黄糊。

蛋清加糖，用电动打蛋器打成蛋白霜，以能拉出弯钩状态为准。

蛋白霜分三次加到蛋黄糊（步骤 3）中，翻拌均匀（手法参见第 17 页）。

倒入中空戚风蛋糕模具中，用竹签在蛋糕糊里来回划几下，以便排出气泡。

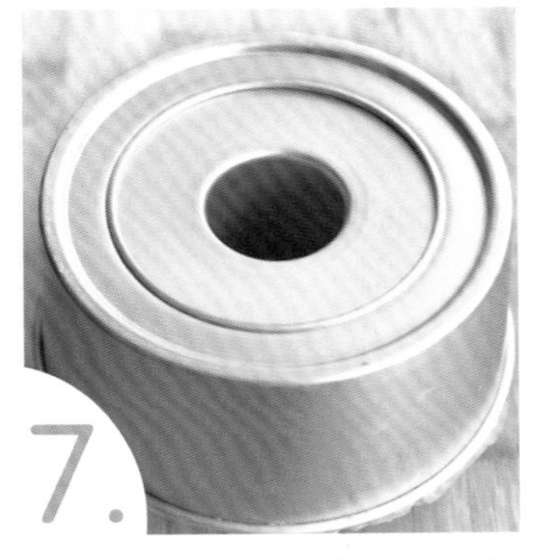

将蛋糕糊放入预热好的烤箱下层，烤好后取出，倒扣。

待蛋糕冷却后脱模即可，可放薄荷叶装饰。

糯米小蛋糕

糯米小蛋糕是一道以糯米粉为主要食材制作的美食。糯米小蛋糕热时食用外脆里糯，凉时食用 Q 弹美味，所以很受欢迎。

准备食材

蛋黄 65 克（约 4 个）
蛋清 140 克（约 4 个）
无盐黄油 20 克
牛奶 110 克
糯米粉 140 克
糖 25 克

制作要点

- 配方中的参照烘烤时间适合纸杯高度为 7 厘米左右的糯米小蛋糕。
- 根据纸杯大小，调整烘烤的时间，并随时观察蛋糕表面上色程度，及时加盖锡纸。

烤制方案

糯米小蛋糕

烤箱温度	预热时间	烤制时间
上管 160℃ 下管 160℃	10 分钟	45 分钟

制作步骤

在蛋黄中加入牛奶，再加入融化成液体的无盐黄油，充分搅匀。

筛入糯米粉，搅拌均匀，呈糊状。

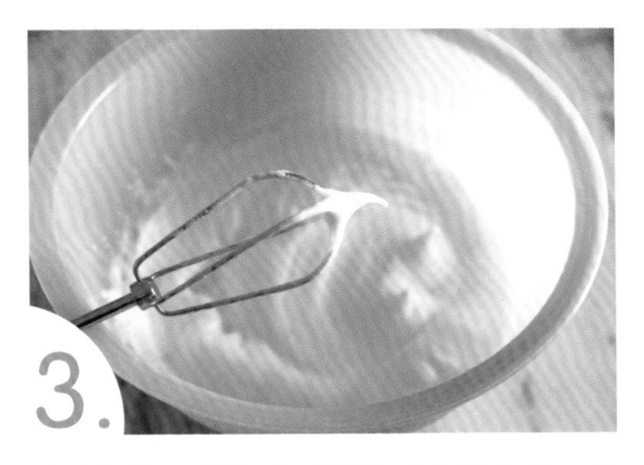

蛋清加糖，用电动打蛋器打成蛋白霜，以能拉出小弯钩状为准。

蛋白霜分三次加到蛋黄糊（步骤 2）中，翻拌均匀（手法参见第 17 页）。

拌好的面糊（步骤 4）装入裱花袋中。

将面糊挤在纸杯中，放入预热好的烤箱中下层，烤好后取出脱模。

巧克力蛋糕

巧克力一直被人们视为“幸福食品”，巧克力蛋糕虽然没有华丽的装饰，却拥有浓醇的巧克力味道，简单的外表下藏着独特的香气，是一款让人爱不释手的蛋糕。

准备食材

蛋黄 80 克（约 5 个）
蛋清 200 克（约 6 个）
低筋面粉 82 克
植物油 75 克
牛奶 100 克
⚖ 无糖可可粉 25 克
⚖ 糖 40 克

▲ 制作要点

- 因为巧克力蛋糕颜色较深，无法通过表面上色情况来判断是否需要加盖锡纸，这时候可以通过味道来辨别。当烤箱飘出很浓的巧克力味时就可以加盖锡纸了。另外，蛋糕烤至表面鼓起来，鼓得比较饱满时也可以加盖锡纸。
- 参照配方中的烘烤时间和材料用量，适合制作 8 寸左右的巧克力蛋糕。

巧克力蛋糕作为甜点界的元老级产品，大概就和香奈儿小黑裙一样经典，属于永远不会过时的尤物。

烤制方案

巧克力蛋糕

烤箱温度	预热时间	烤制时间
上管 140℃ 下管 170℃	10 分钟	60 分钟

制作步骤

将低筋面粉和无糖可可粉筛入盆中。

植物油放入微波炉中大火加热 4 分钟，趁热倒入面粉（步骤 1）中搅匀，使其呈糊状。

蛋黄和牛奶搅拌均匀。

将蛋黄牛奶液（步骤 3）与面粉糊（步骤 2）混合拌匀制成巧克力糊。

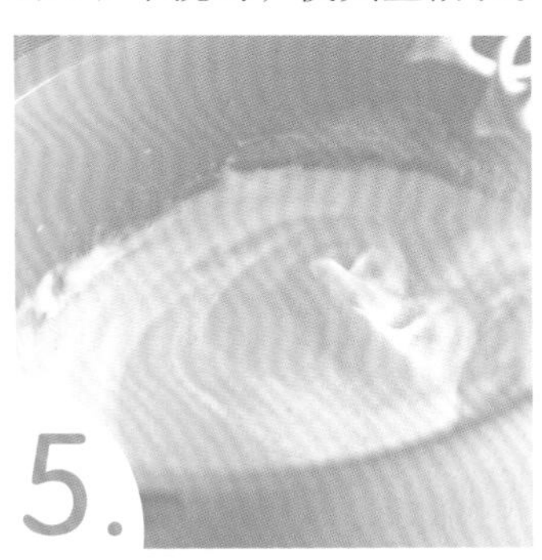

蛋清加糖打成蛋白霜，以能拉出弯钩状为准。

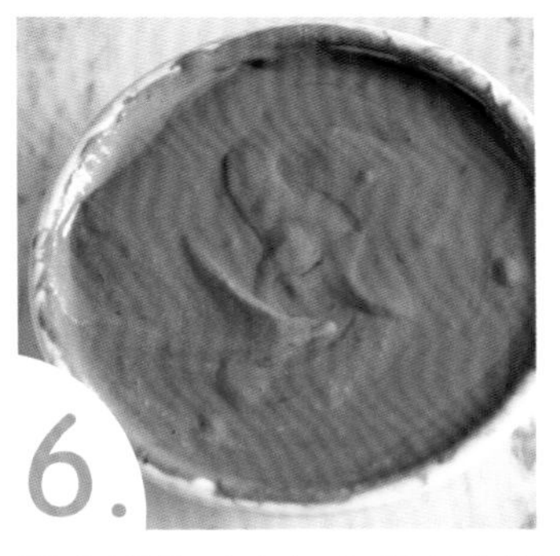

蛋白霜分三次加入巧克力糊中，每次加入都要充分拌匀（手法参见第 17 页）。

将巧克力面糊（步骤 6）倒入模具中，放进预热好的烤箱中下层。

蛋糕烤好后立刻取出，室温晾凉后即可脱模。

轻乳酪蛋糕

轻乳酪蛋糕做法简单，而且无论是口味、层次还是口感都比较好。热食轻乳酪蛋糕松软，口感软嫩；冷食轻乳酪蛋糕奶香浓郁，入口即化。

准备食材

奶油奶酪 110 克
无盐黄油 20 克
蛋黄 50 克（约 3 个）
玉米淀粉 30 克
低筋面粉 15 克
牛奶 20 克
蛋清 100 克（约 3 个）
葡萄干适量
糖 25 克

制作要点

- 奶油奶酪隔水加热至柔软即可，不要融化成液体。
- 烘烤温度与时间搭配，先 150℃烤制 10 分钟，再转 100℃继续烤 50 分钟。
- 注意蛋糕表面上色，及时加盖锡纸。
- 若蛋糕表面上色不足，最后再设置 160℃烤 5 分钟左右上色。
- 烤好的轻乳酪蛋糕室温晾凉后，放入冰箱冷藏 6 小时方可脱模；也可提前在模具四周铺油纸，方便脱模。

烤制方案

轻乳酪蛋糕

烤箱温度	预热时间	烤制时间
上下管 150℃ + 上下管 100℃	10 分钟	10 分钟 + 50 分钟

制作步骤

1. 将奶油奶酪和无盐黄油放入盆中，隔水加热至柔软后，搅拌均匀。

2. 加入蛋黄，充分搅匀，制成奶酪蛋黄液。

3. 将玉米淀粉和低筋面粉混合后，加入牛奶拌匀，呈面糊状。

4. 将面糊（步骤 3）倒进奶酪蛋黄液（步骤 2）中，充分拌匀制成奶酪糊。

5. 蛋清加糖打成蛋白霜，以能拉出大弯钩状为准。

6. 蛋白霜分三次加入奶酪糊（步骤 4）中，每次都充分拌匀（手法参见第 17 页），制成蛋糕糊。

7. 可在模具底部撒适量葡萄干，将拌好的蛋糕糊（步骤 6）倒入模具中。

8. 将蛋糕糊放入预热好的烤箱中下层，用水浴法烘烤，烤好后闷 30 分钟再从烤箱取出。

肉松拉丝小蛋糕

肉松拉丝小蛋糕其实是款咸口小蛋糕，肉松量足，每一口都有肉松，好吃得停不下来。

准备食材

蛋黄 30 克（约 2 个）
蛋清 65 克（约 2 个）
植物油 30 克
牛奶 50 克
低筋面粉 50 克
肉松 30 克
糖 15 克

▲ 制作要点

• 根据模具调整烘烤的时间，配方中所用模具高度约 3 厘米。

烤制方案

肉松拉丝小蛋糕

烤箱温度	预热时间	烤制时间
上管 160℃ 下管 160℃	10 分钟	13 分钟

制作步骤

蛋黄中加入植物油充分搅匀，再加入牛奶搅匀，使其充分融合，制成蛋黄液。

在蛋黄液（步骤 1）中筛入低筋面粉，搅拌均匀，呈糊状。

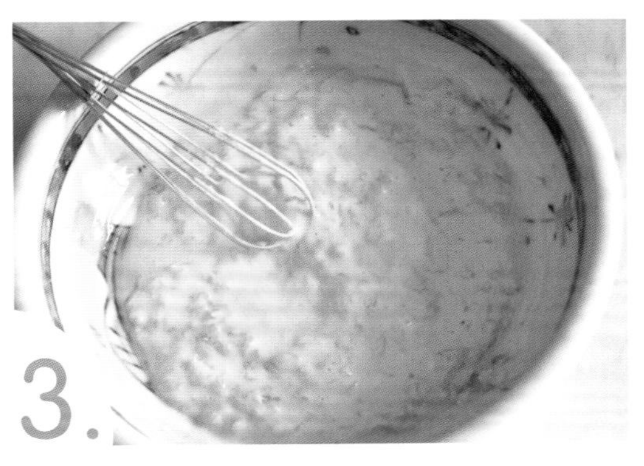

在蛋黄糊（步骤 2）中加入肉松拌匀。

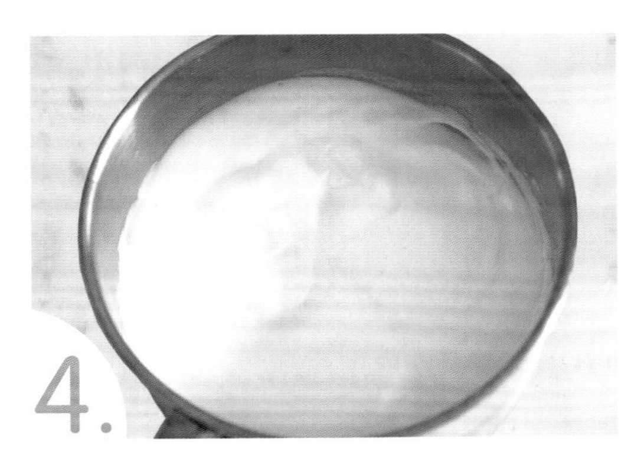

蛋清加入糖，用电动打蛋器打成蛋白霜，以能拉出弯钩状为准。

蛋白霜分三次加到肉松蛋黄糊（步骤 3）中，翻搅均匀（手法参见第 17 页）。

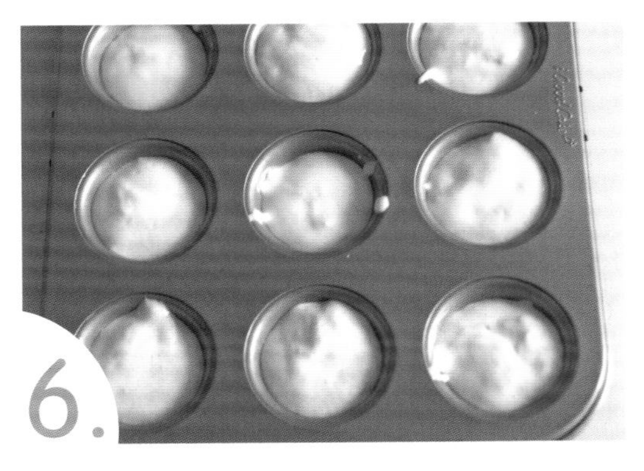

将蛋糕面糊（步骤 5）装入裱花袋中，挤入模具内，放入预热好的烤箱中层，烤好后取出，倒扣冷却。

肉松小方

肉松小方是一款很受欢迎的咸味蛋糕。入口即化的超柔软蛋糕，与酥松的肉松形成复合层次的口感，融聚成舌间绵柔湿润的滋味，让人久久回味。

准备食材

蛋糕材料：

蛋黄 75 克（约 5 个）
蛋清 155 克（约 5 个）
植物油 25 克
牛奶 60 克
低筋面粉 85 克
糖 25 克

其他材料：

卡仕达酱、肉松各适量

制作要点

- 配方中的烤盘是长、宽均为 21.8 厘米，深为 7.5 厘米的方形烤盘，实际操作中需根据使用的模具大小，酌情调整烘烤时间。
- 提前在模具中铺油纸，可方便脱模。
- 注意观察蛋糕上色情况，及时加盖锡纸。

烤制方案

肉松小方

烤箱温度	预热时间	烤制时间
上管 160℃ 下管 160℃	10 分钟	40 分钟

制作步骤

蛋黄中加入植物油充分搅匀。

加入牛奶搅匀，使其充分融合。

筛入低筋面粉，搅拌均匀，呈糊状。

蛋清中加入糖，用电动打蛋器打成蛋白霜，以能拉出弯钩状为准。

取1/3蛋白霜加到蛋黄糊（步骤3）中拌匀，剩下的蛋白霜分两次加入，每次加入都拌均匀（手法参见第17页）。

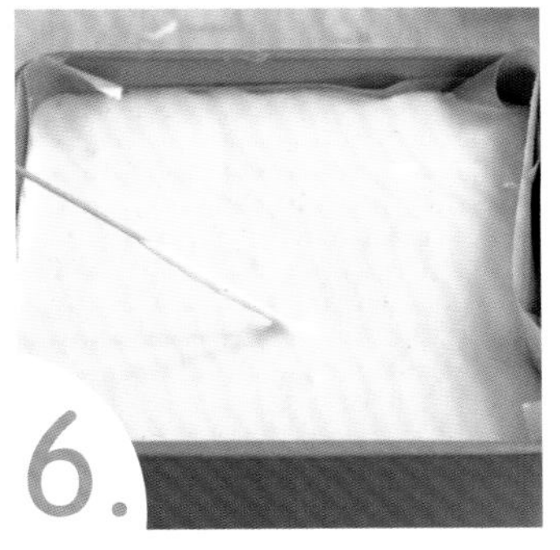

将蛋糕糊（步骤5）倒进烤盘中，放入预热好的烤箱中下层，烤好后取出，倒扣，撕掉油纸。

将蛋糕晾凉，切成小方块。在方块中间切一刀，抹上卡仕达酱（做法参见第11页）。

再将蛋糕外围均匀涂抹上卡仕达酱，裹上肉松即可。

抹茶斑马纹蛋糕

抹茶斑马纹蛋糕颜色清新，口感细腻，有股清香的抹茶味。漂亮的斑马纹，充满了层次感，给素淡的蛋糕增加了一抹色彩。

准备食材

蛋黄 90 克（约 6 个）
蛋清 185 克（约 5 个）
植物油 45 克
牛奶 100 克
低筋面粉 110 克
抹茶粉 6 克
沸水 25 克
糖 35 克

制作要点

- 抹茶粉用沸水冲开并搅拌均匀，放置冷却后，才能与面糊混合，否则易消泡。
- 也可以将抹茶粉换成无糖可可粉或草莓粉等做成可可味、草莓味等不同味道、不同颜色的斑马纹蛋糕。

烤制方案

抹茶斑马纹蛋糕

烤箱温度	预热时间	烤制时间
上管 150℃ 下管 150℃	10 分钟	60 分钟

制作步骤

蛋黄中加入植物油搅匀，再加入牛奶搅匀，使其充分融合。

在蛋黄液（步骤1）中筛入低筋面粉，搅拌均匀，呈糊状。

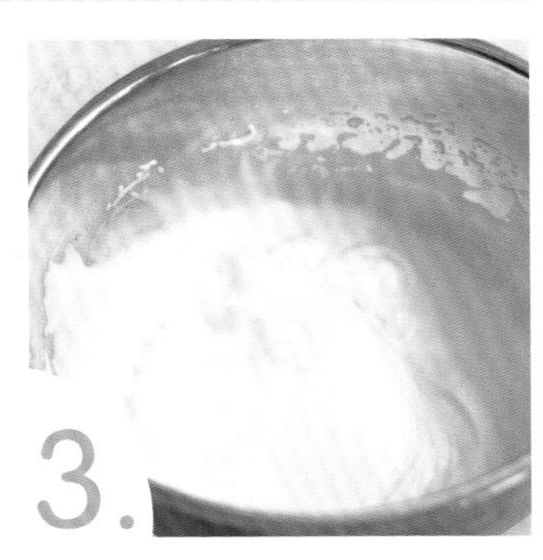

蛋清加糖，用电动打蛋器打成蛋白霜，以拉出弯钩状为准。

取1/3蛋白霜加到蛋黄糊（步骤2）中，用手动打蛋器拌匀。

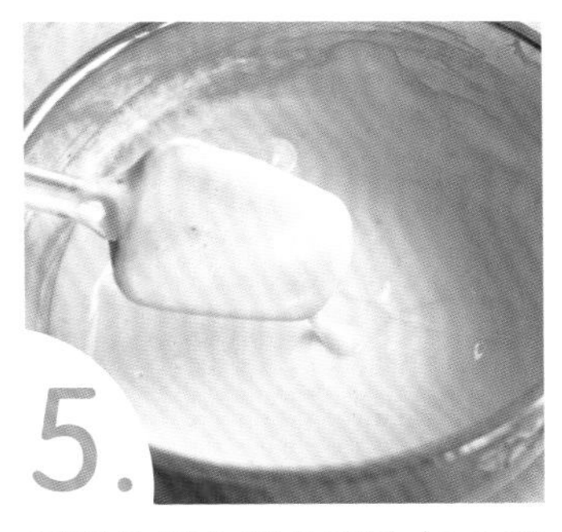

剩下的蛋白霜分两次加入蛋黄糊（步骤4）中，每次加入都需拌匀（手法参见第17页），制成面糊。

抹茶粉加沸水搅拌均匀，加入面糊（步骤5）的1/2拌匀，制成抹茶面糊。

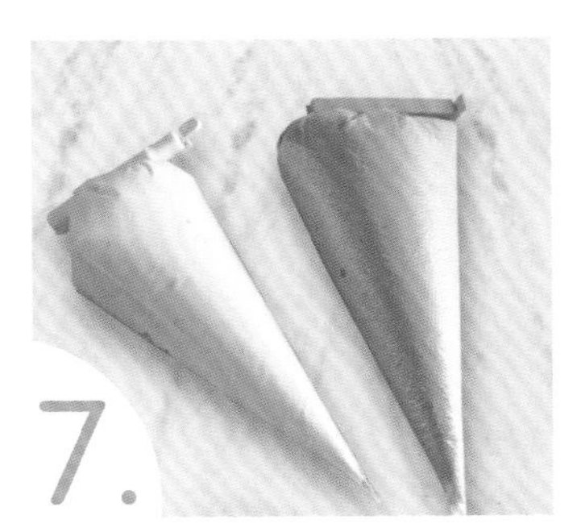

将剩余的面糊（步骤5）和抹茶面糊（步骤6）分别装入裱花袋中。

在蛋糕模具中先挤入一种面糊，再在这个面糊的中心挤入另一种面糊，交替挤入两种面糊，直到将所有面糊挤完。

将做好的蛋糕面糊放入预热好的烤箱中下层，烤好后取出，倒扣，晾凉后脱模。

乳酪盒子蛋糕

类似于提拉米苏的乳酪盒子蛋糕，材料虽然大众化，但味道和口感一点儿也不逊色，入口即化，可可粉、咖啡和乳酪的味道融合得恰到好处。

准备食材

蛋糕材料：

蛋黄 30 克（约 2 个）
蛋清 65 克（约 2 个）
植物油 15 克
咖啡液 35 克
低筋面粉 45 克
糖 15 克

乳酪馅材料：

蛋黄 30 克（约 2 个）
淡奶油 140 克
马斯卡彭乳酪 150 克
糖 20 克

装饰材料：

无糖可可粉适量

制作要点

- 咖啡液可以选择速溶纯咖啡，也可以选择现磨咖啡。

层层的蛋糕和乳酪馅如热恋般甜蜜浓烈，做成盒子蛋糕在外出游玩时也方便携带。

烤制方案

乳酪盒子蛋糕

烤箱温度	预热时间	烤制时间
上管 160℃ 下管 160℃	10 分钟	15 分钟

制作步骤

将蛋黄（30克）加入植物油、咖啡液搅拌均匀。筛入低筋面粉搅匀，呈面糊状。

蛋清中加入糖（15克），打成蛋白霜，以能拉出小弯钩状为准。

蛋白霜分三次加入面糊（步骤1）中，每次加入都要拌匀（手法参见第17页）。

将拌好的面糊（步骤3）倒入烤盘中，放进预热好的烤箱中层，烤好后取出，脱模晾凉。

将蛋黄（30克）加糖（10克）搅匀，小火隔水加热8~10分钟，至蛋黄变得浓稠，晾凉。

将马斯卡彭乳酪隔水加热至柔软，搅拌均匀。

将蛋黄（步骤5）和乳酪（步骤6）混合搅匀。

在淡奶油中加入糖（10克）、打至八分发，加乳酪（步骤7）拌匀。

容器底部铺一层烤好的蛋糕片，挤一层乳酪馅，再铺一层蛋糕片，最后再挤一层乳酪馅，表面撒上无糖可可粉装饰，放冰箱冷藏2小时即可。

双色米糕

具有清淡米香的双色米糕，口感湿润、有弹性，是一款值得尝试的清口蛋糕。用它来做早餐吧！

准备食材

蛋黄 60 克（约 4 个）
蛋清 125 克（约 4 个）
淡奶油 30 克
植物油 25 克
牛奶 50 克
小米蛋糕粉 45 克
黑米蛋糕粉 46 克
糖 30 克

制作要点

- 若用圆模具要适当降低烘烤温度，延长烘烤时间。

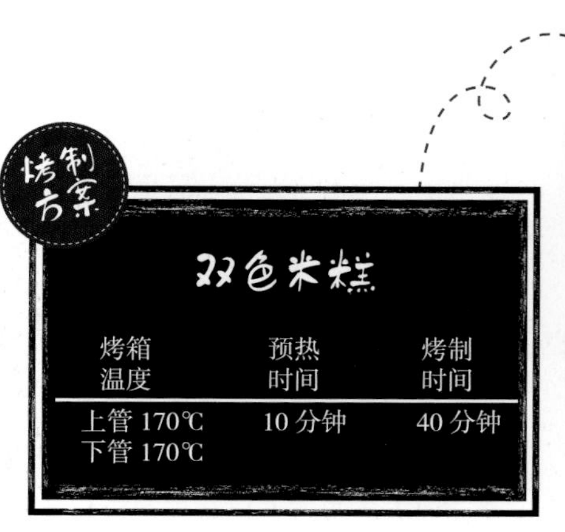
烤制方案

双色米糕

烤箱温度	预热时间	烤制时间
上管 170℃ 下管 170℃	10 分钟	40 分钟

制作步骤

在蛋黄中加入淡奶油、植物油、牛奶搅拌均匀，做成牛奶蛋液，将牛奶蛋液分两份。

在牛奶蛋液其中一份中筛入小米蛋糕粉拌匀。

另一份牛奶蛋液中筛入黑米蛋糕粉拌匀。

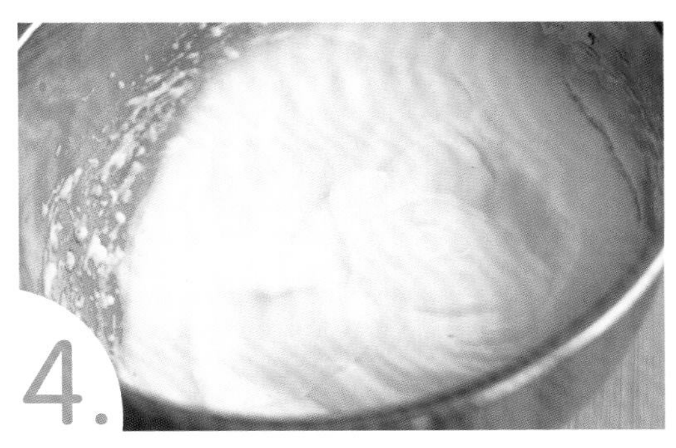

蛋清中加入糖，打成蛋白霜，以能拉出弯钩状为准。将蛋白霜平均分两份，分别和小米蛋糕糊（步骤 2）、黑米蛋糕糊（步骤 3）拌匀（手法参见第 17 页）。

在蛋糕模中先倒入一种蛋糕糊，再倒入另一种蛋糕糊。

用刮刀在蛋糕糊中来回上下搅动几下，然后放进预热好的烤箱中下层进行烘烤。烤好后取出，倒扣，晾凉脱模。

芝士蛋糕

芝士蛋糕很经典，制作时可以在里面加入自己喜欢的食材，如咖啡、可可粉、抹茶粉、焦糖或者果酱等，都很出彩。

准备食材

芝士糊材料：

奶油奶酪 200 克
低筋面粉 20 克
玉米淀粉 5 克
淡奶油 65 克
鸡蛋液 100 克
香草精 2 克
糖 25 克

蛋糕底材料：

奥利奥饼干碎 80 克（去夹心）
无盐黄油 35 克

装饰材料：

奥利奥饼干片适量

制作要点

- 烘烤温度与时间搭配，先设置150℃烤 20 分钟，再转 140℃烤 30 分钟，最后闷 30 分钟后再取出。
- 注意烘烤过程中及时加盖锡纸以防上色过度。
- 拌好的乳酪糊过筛一遍，口感更细腻。

烤制方案

芝士蛋糕

烤箱温度	预热时间	烤制时间
上下管 150℃ + 上下管 140℃	10 分钟	20 分钟 + 30 分钟

从古代的乳制品，到成为芝士，是人类对美食的追求演变成今天经典的芝士蛋糕。

制作步骤

奥利奥饼干碎中加入融化的无盐黄油拌匀，铺在模具底部并压实，放入冰箱冷藏，备用。

将奶油奶酪、糖、香草精和淡奶油隔热水加热至柔软，离开热源，搅拌均匀。

在奶酪糊（步骤2）中加入鸡蛋液搅拌均匀，再筛入低筋面粉和玉米淀粉搅匀，呈糊状。

将奶酪糊（步骤3）用滤网过滤，倒入铺了饼干底的蛋糕模具（步骤1）中，表面装饰奥利奥饼干片，放进预热好的烤箱中下层，烤好后闷30分钟，取出晾凉，放入冰箱冷藏6小时再脱模。

巧克力麦芬

味道浓郁的巧克力麦芬，一口咬下去松松软软，而且每一口都有超多巧克力，真的是很满足！

烤制方案

巧克力麦芬

烤箱温度	预热时间	烤制时间
上管 190℃ 下管 190℃	10 分钟	30 分钟

准备食材

鸡蛋 50 克（约 1 个）
无盐黄油 80 克
淡奶油 80 克
巧克力 135 克
盐 1 克
泡打粉 3 克
小苏打 2 克
低筋面粉 190 克
耐烤巧克力豆 80 克
⚖ 无糖可可粉 10 克
⚖ 无糖酸奶 85 克
⚖ 糖 20 克

制作要点

- 可根据纸杯大小，调整烘烤的时间，并随时观察蛋糕表面上色情况，及时加盖锡纸。
- 参照配方中的烘烤时间适合纸杯高度 5 厘米左右的巧克力麦芬。
- 巧克力要选择纯巧克力，不要选择代可可脂巧克力。

制作步骤

将无盐黄油和巧克力放入盆中，隔水加热至融化，搅拌均匀。

在巧克力糊（步骤 1）中加入糖、盐、淡奶油、无糖酸奶，搅拌均匀。

将鸡蛋打入盆中搅匀后，再加入泡打粉和小苏打搅匀。

将低筋面粉和无糖可可粉分别筛入盆中。

用刮刀搅拌到略有一点干粉的状态，加入 65 克耐烤巧克力豆。

继续搅拌至无干粉状态即可，无需过度搅拌。

将巧克力面糊装入纸杯中，表面撒上剩余的耐烤巧克力豆，放进预热好的烤箱中下层烘烤即可。

古早蛋糕

古早蛋糕口感湿润绵软，而且减糖后热量较低，吃起来没有负担。

古早蛋糕

烤箱温度	预热时间	烤制时间
上管 140℃ 下管 170℃	10 分钟	80 分钟

准备食材

植物油 100 克
牛奶 100 克
蛋黄 140 克（约 8 个）
蛋清 290 克（约 8 个）
低筋面粉 130 克
糖 45 克

制作要点

- 配方的参照量适合长、宽均为 21.8 厘米，高为 7.5 厘米的古早蛋糕。
- 模具里需要提前铺好油纸，方便脱模。
- 没有微波炉也可以将植物油放在煤气灶上加热，加热至植物油在锅底出现小泡即可。
- 烤好的古早蛋糕要立刻脱离烤盘，除去油纸，可趁热品尝，待晾凉后切块。

制作步骤

低筋面粉筛入盆中。

植物油在微波炉中大火加热 4 分钟，趁热倒入低筋面粉中搅匀，制成面糊。

蛋黄和牛奶搅拌均匀。

将蛋黄牛奶液与面糊混合拌匀制成蛋黄糊。开始会成团，搅拌一会儿就会互相融合。

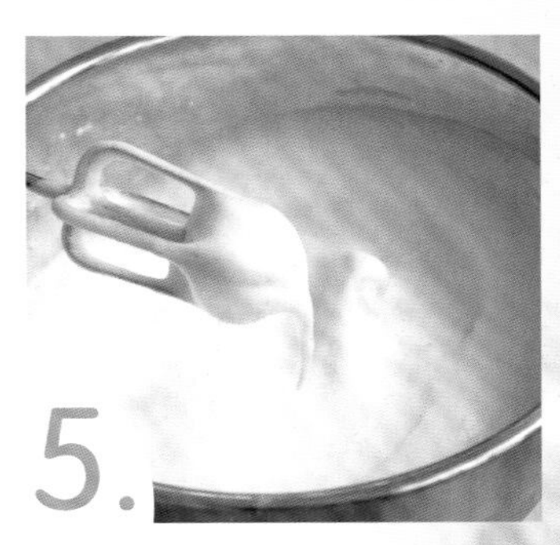

5.

蛋清中加入糖，打成蛋白霜，以能拉出大弯钩状为准。

6.

蛋白霜分三次加入蛋黄糊（步骤 4）中，每次加入蛋白霜都要充分拌匀（手法参见第 17 页）。

7.

将加入蛋白霜后的蛋黄糊（步骤 6）倒入铺好油纸的烤盘中，放进预热好的烤箱中下层，用水浴法烤好后立刻取出，脱离烤盘，晾凉后切块。

古早蛋糕朴实无华却又深受人们喜爱，趁热吃，可让散发着牛奶味和自然香气的蛋糕温暖我们的心和胃。

奥利奥麦芬

奥利奥麦芬出炉时就很松软，隔夜冷藏后食用更油润！这款麦芬外形小巧，做法简单，很适合新手，是一款值得推荐的麦芬蛋糕。

奥利奥麦芬

烤箱温度	预热时间	烤制时间
上管 170℃ 下管 170℃	10 分钟	15 分钟

准备食材

无盐黄油 60 克
鸡蛋液 50 克（约 1 个）
低筋面粉 60 克
泡打粉 2 克
奥利奥饼干碎 10 克（去夹心）
奥利奥饼干片适量（去夹心）
糖 15 克

制作要点

- 无盐黄油一定要充分软化，才能与其他材料更好地融合。

制作步骤

将无盐黄油室温软化后加入糖搅打至顺滑，再分次加入鸡蛋液，每次加蛋液都要充分搅匀。

在搅打顺滑的无盐黄油中加入过筛的低筋面粉、泡打粉、奥利奥饼干碎。

搅拌均匀。

充分拌匀后制成面糊，装入裱花袋中。

5.

用裱花袋将面糊挤到烘焙模具中，顶部插上半片奥利奥饼干，放进预热好的烤箱中下层烘烤即可。

柔软的蛋糕和香酥的奥利奥结合，几近完美的口感。

酸奶纸杯小蛋糕

白白嫩嫩的酸奶小蛋糕，成品口感非常松软，制作又简单，一口一个，能吃到酸奶的味道哦！

准备食材

蛋黄 30 克（约 2 个）
蛋清 65 克（约 2 个）
植物油 10 克
低筋面粉 25 克
⚖ 无糖酸奶 40 克
⚖ 糖 15 克

▲ 制作要点

- 根据模具调整烘烤的时间，配方中所用蛋糕模具高度约 3 厘米。

不加一滴水的酸奶小蛋糕，口感绵软湿润，可以经常做给小朋友吃。

烤制方案

酸奶纸杯小蛋糕

烤箱温度	预热时间	烤制时间
上管 140℃ 下管 140℃	10 分钟	40 分钟

制作步骤

将植物油放入微波炉中大火加热 2 分钟，加入蛋黄，搅拌均匀。

加入无糖酸奶搅拌均匀。

筛入低筋面粉拌匀，制成蛋黄糊。

蛋清加糖打成蛋白霜，以能拉出小弯钩状为准。

蛋白霜分三次加入蛋黄糊（步骤 3）中，每次都要充分拌匀（手法参见第 17 页）。

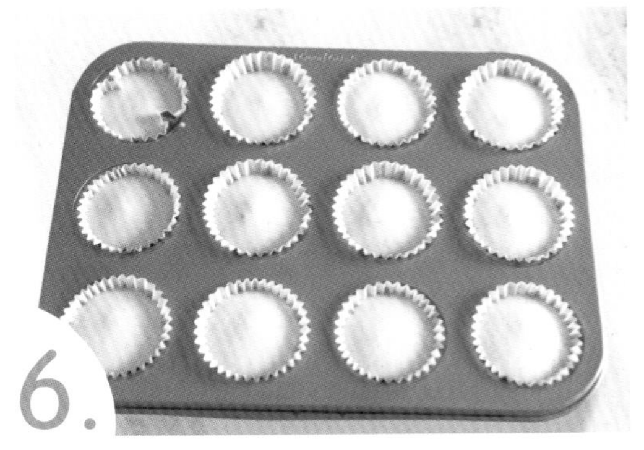

将混合好的面糊（步骤 5）装入裱花袋，挤入蛋糕模具中，放入预热好的烤箱中层，烤好后闷 20 分钟再取出即可。

第三章

咬一口面包，溢满唇齿的芬芳

面包质地松软，余味回甘，吃起来方便，也便于储存。朝气明媚的早晨，加热几片自制的软香面包，再搭配一杯热牛奶或蔬果汁，幸福满满，给我们的身体增加动力，开始美好的一天。

肠仔包

肠仔包是一种松软可口，又带咸味的面包，有西点的特色，也适合中国人的胃口，不甜不腻，柔软咸香。

烤箱温度	预热时间	烤制时间
上管 180℃ 下管 180℃	10 分钟	20 分钟

准备食材

中种面团材料：

高筋面粉 160 克
水 100 克
耐高糖酵母粉 2 克

主面团材料：

全麦粉 30 克
高筋面粉 50 克
鸡蛋液 40 克（约 1 个）
盐 3 克
无盐黄油 30 克
水 20 克
耐高糖酵母粉 1 克
糖 10 克

其他材料：

热狗肠、沙拉酱、番茄酱、马苏里拉奶酪碎、香葱碎各适量

制作要点

- 用搓好的面团长条缠绕热狗肠时，不可缠绕得太密，否则再次发酵后会失去一股一股像麻花一样的痕迹。

注：中种法也称二次发酵法，将面团分两部分发酵，前段搅拌的面团是“中种面团”，后段搅拌的面团是“主面团”。

制作步骤

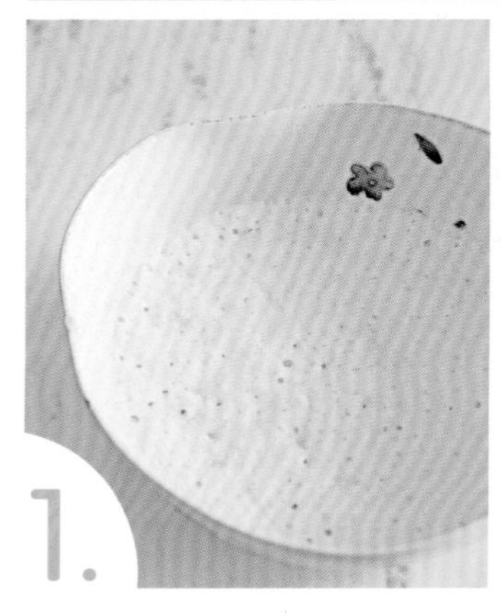

1. 将中种面团材料全部混合均匀，发酵至表面塌陷，内部呈蜂窝状。

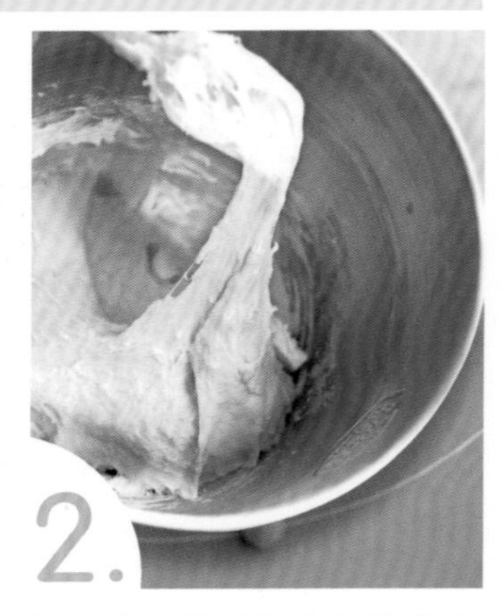

2. 加入主面团材料中的全麦粉、高筋面粉、鸡蛋液、糖、盐、耐高糖酵母粉和水，揉成能拉出厚膜的面团。

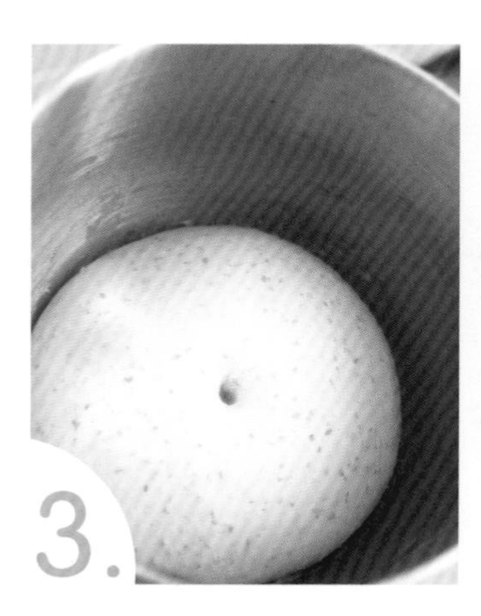

3. 加入无盐黄油继续揉至面团光滑，发酵至两倍大。

4. 将发酵好的面团分割成 8 等份，分别搓成长条。

将面团长条轻轻缠绕在热狗肠上。

将收口处朝下，盖上保鲜膜发酵至两倍大。

在发酵好的面团上撒上马苏里拉奶酪碎，挤上沙拉酱和番茄酱，撒上香葱碎，放进预热好的烤箱中下层，烤好后立刻取出，放在冷却架上晾凉即可。

肠仔包色彩鲜亮，很能激起食欲，用它做早餐，开启充满活力的一天吧！

大列巴

“列巴”是俄语面包的音译。干果满满的大列巴，不但料足，而且每一口都吃起来超满足！

准备食材

高筋面粉 265 克
奶粉 30 克
鸡蛋液 100 克（约 2 个）
盐 3 克
水 65 克
无盐黄油 45 克
葡萄干 80 克
核桃仁 100 克
耐高糖酵母粉 3 克
糖 20 克
其他材料：
鸡蛋液适量

制作要点

- 葡萄干泡软后一定要擦干表面水分再卷入面团内。

烤制方案

大列巴

烤箱温度	预热时间	烤制时间
上管 180℃ 下管 180℃	10 分钟	30 分钟

制作步骤

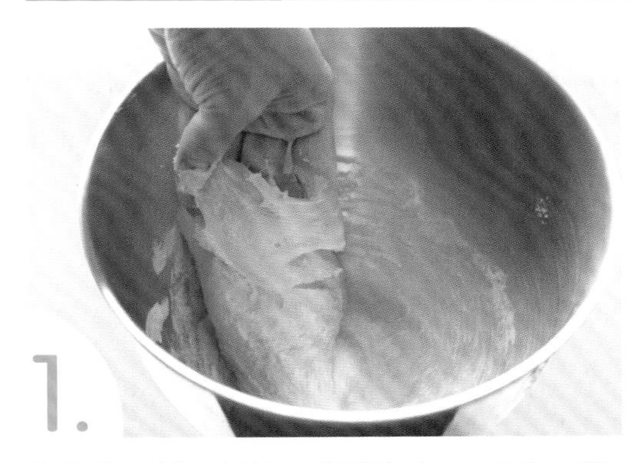

将高筋面粉、奶粉、鸡蛋液（100克）、糖、盐、耐高糖酵母粉和水放入盆内，揉成能拉出厚膜的面团。

加入无盐黄油继续揉至面团光滑，盖上保鲜膜发酵至两倍大。

葡萄干用水泡软，擦干表面水分，核桃仁掰成小块，烤香备用。

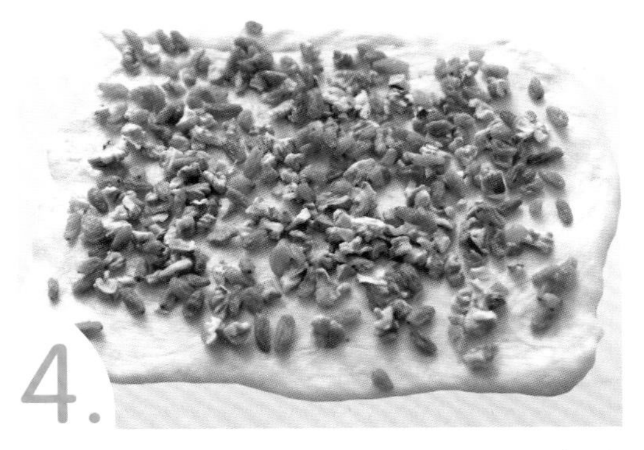

将发酵好的面团擀开，表面铺上核桃仁碎和葡萄干。

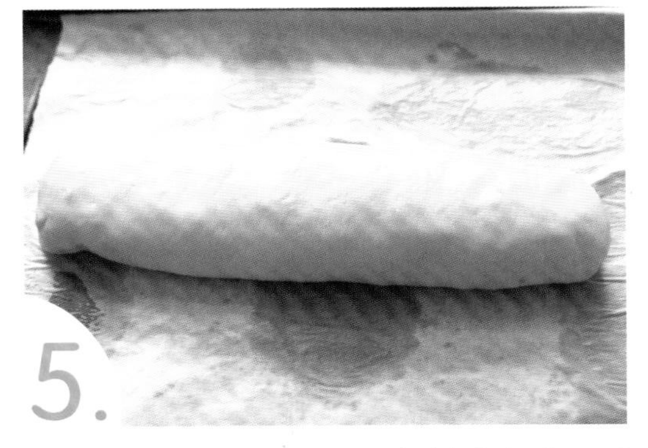

从上至下卷成筒状，盖上保鲜膜发酵至两倍大。

发酵好后，刷上鸡蛋液，在面包上均匀划开裂口，放进预热好的烤箱中下层，烤好后立刻取出，放在冷却架上晾凉即可。

豆沙花朵面包

豆沙花朵面包精致又好吃。可爱的花朵造型很讨巧，可以变换各种馅料，做成不一样味道的“花朵”面包。

准备食材

主面团材料：

高筋面粉 250 克

牛奶 140 克

蜂蜜 20 克

鸡蛋液 30 克（约 1/2 个）

盐 3 克

耐高糖酵母粉 3 克

无盐黄油 25 克

无糖奶粉 15 克

其他材料：

豆沙馅、鸡蛋液、黑芝麻各适量

制作要点

- 馅不可贪多，过多的馅会在加热烘烤后爆出来。

吃着如花朵般美好的面包，仿佛能闻到花儿的芳香。

烤制方案

豆沙花朵面包

烤箱温度	预热时间	烤制时间
上管 180℃ 下管 180℃	10 分钟	15 分钟

制作步骤

1. 将高筋面粉、无糖奶粉、鸡蛋液、蜂蜜、盐、耐高糖酵母粉和牛奶放入盆内，揉成能拉出厚膜的面团。

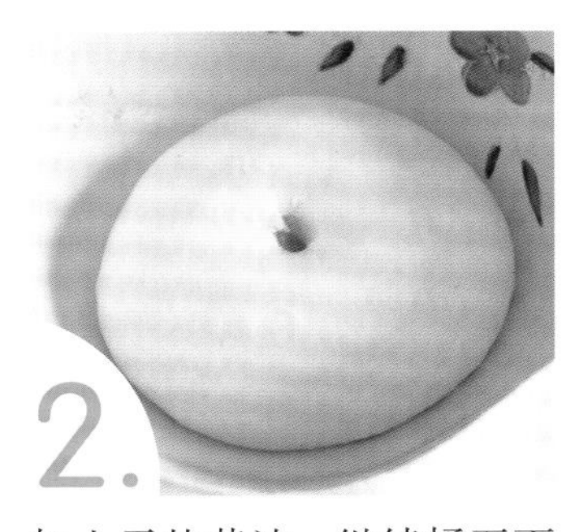

2. 加入无盐黄油，继续揉至面团光滑，盖上保鲜膜发酵至两倍大。

3. 将面团分割成 50 克左右一个的面剂，揉圆，盖上保鲜膜松弛 10 分钟。

4. 取一个面剂，擀开后，中间放入豆沙馅。

5. 将豆沙馅包起来，收口处朝下，轻轻擀成厚饼。

6. 用刀在面包坯上划开并均匀割断，面包中心不割断，形成花瓣状。其余面剂重复步骤 4~6 的操作。

7. 将花瓣状面包坯盖上保鲜膜发酵至两倍大，表面刷上鸡蛋液，中间用黑芝麻点缀。

8. 将面包坯放进预热好的烤箱中下层，烤好后立刻取出，放在冷却架上晾凉即可。

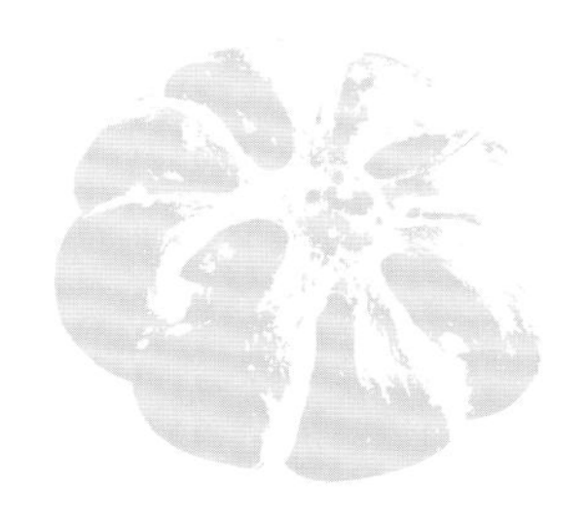

坚果红枣软欧

坚果红枣软欧含糖、含油量低，为了增加馥郁风味，添加了果干和坚果，这样会使口感更丰富。

准备食材

液种材料：

高筋面粉 50 克
水 50 克
耐高糖酵母粉 0.5 克

主面团材料：

黑麦粉 50 克
高筋面粉 150 克
全麦面粉 50 克
盐 3 克
水 120 克
蜂蜜 20 克
橄榄油 15 克
坚果（含核桃仁）30 克
果干（含红枣干）50 克
耐高糖酵母粉 2 克

其他材料：

高筋面粉适量

制作要点

·液种要充分发酵，不仅做出的面包味道更好，还能延长面包柔软时间。

烤制方案

坚果红枣软欧

烤箱温度	预热时间	烤制时间
上管 200℃ 下管 200℃	15 分钟	20 分钟

注：液种又叫波兰种，因为发源于波兰而得名。它是一种湿润的酵种，含水量非常高，它并不像面团，而更像是面糊的状态。

制作步骤

将液种材料混合均匀，盖上保鲜膜发酵至表面塌陷、内部呈蜂窝状、有酸味。

在液种（步骤 1）中加入主面团材料中除坚果、果干以外的材料，揉成能拉出薄膜的面团，再加坚果、果干。

继续揉到坚果、果干与面团大致融合。

盖上保鲜膜发酵至两倍大。

将发酵好的面团分割成两等分，折叠排气，盖保鲜膜松弛 15 分钟，做成圆形。

将其中一份面团压扁，擀成大饼状，由四周向内对折。

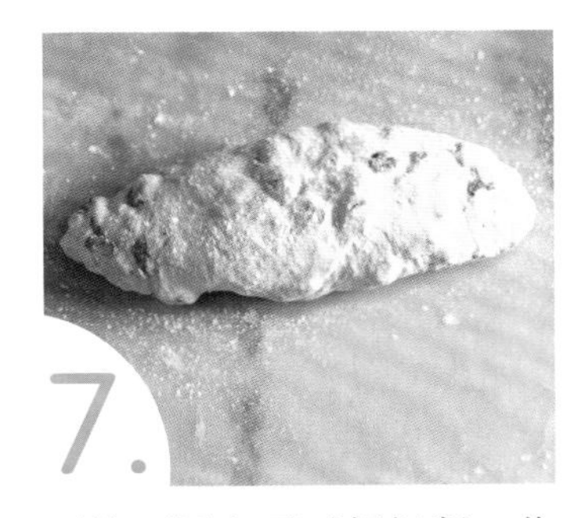

再将面团上下对折捏紧，收口朝下，制成橄榄型面包坯。

将面包坯盖上保鲜膜继续发酵至两倍大。面包坯表面筛入适量高筋面粉，用刀在表面割出花纹。

将带花纹的面包坯放进预热好的烤箱中下层，烤好后立刻取出，放在冷却架上晾凉即可。

老式面包

老式面包成品迷人，表皮金黄柔和，有哑光的质感，质地松软细腻，黄油的香味醇厚浓郁，咸甜适中。

准备食材

中种面团材料：
高筋面粉 140 克
低筋面粉 70 克
水 175 克
耐高糖酵母粉 4 克

主面团材料：
高筋面粉 140 克
低筋面粉 70 克
水 40 克
奶粉 40 克
盐 4 克
鸡蛋液 50 克（约 1 个）
无盐黄油 50 克
耐高糖酵母粉 1 克
糖 30 克

其他材料：
融化的无盐黄油适量

制作要点

- 烤盘里面刷一层融化的无盐黄油，再放入面包坯，不仅防粘，还会使面包外皮更脆，更香，更好吃。
- 烤好的面包要立刻取出，将面包放到冷却架上晾凉。

老式面包

烤箱温度	预热时间	烤制时间
上管 180℃ 下管 180℃	10 分钟	30 分钟

制作步骤

将中种面团材料全部混合均匀后，盖上保鲜膜发酵。

发酵至表面塌陷，内部呈蜂窝状。

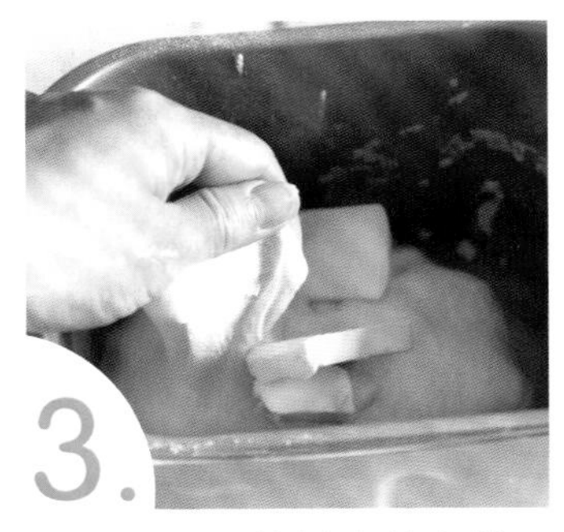

加入主面团材料中的高筋面粉、低筋面粉、奶粉、鸡蛋液、糖、盐、耐高糖酵母粉和水。

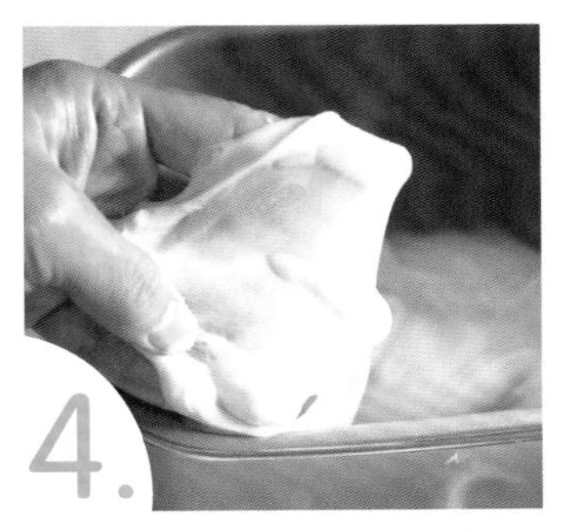

将所有材料（步骤3）揉成能拉出厚膜的面团。

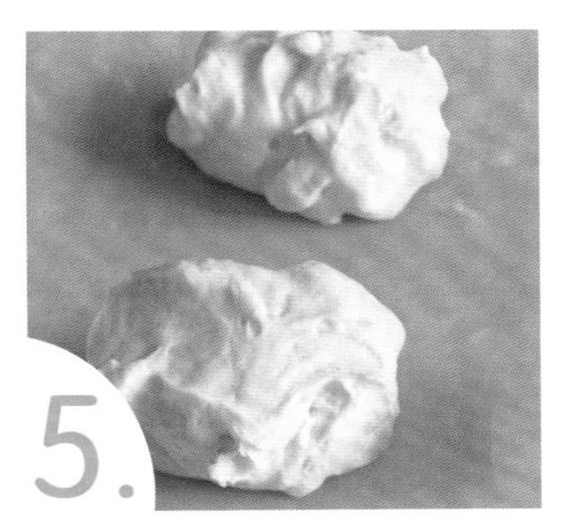

加入融化的无盐黄油（50克），继续揉至面团光滑，揉到能拉出薄膜状态，盖上保鲜膜，松弛后取出排气。

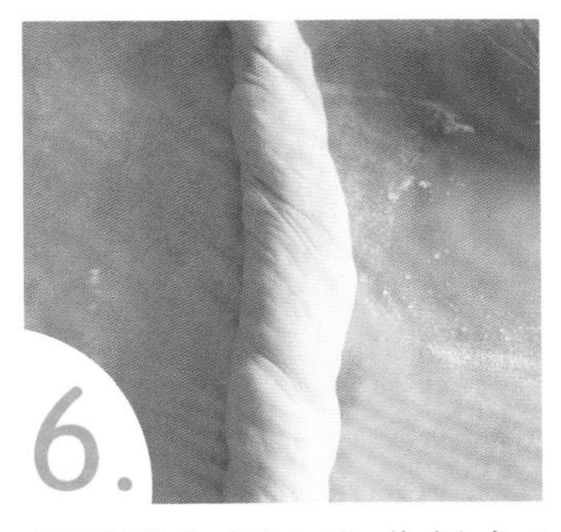

将面团（步骤5）分割成6等份，两端反向搓，搓成长条状。

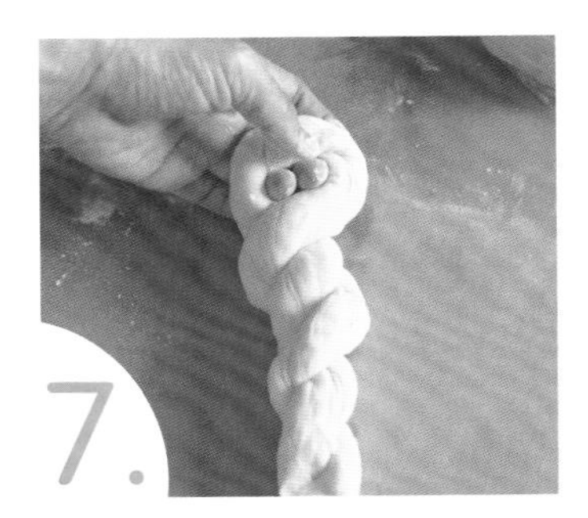

将长条对折，缠成麻花状。

两端插入对折处的孔中。放入刷了适量融化的无盐黄油的烤盘中，盖上保鲜膜发酵至两倍大。

将面包坯放入预热好的烤箱中下层，烤好后取出，在表面刷一层融化的无盐黄油。

毛毛虫面包

毛毛虫面包外形可爱，很吸引小朋友的眼球，而且口味多样，制作简单，也深得烘焙爱好者的喜欢。

准备食材

烫种材料：

高筋面粉 15 克
沸水 50 克

主面团材料：

高筋面粉 250 克
奶粉 20 克
盐 3 克
鸡蛋液 40 克（约 1 个）
牛奶 110 克
无盐黄油 25 克
耐高糖酵母粉 3 克
糖 15 克

馅料材料：

卡仕达酱适量

其他材料：

鸡蛋液适量

烤制方案

毛毛虫面包

烤箱温度	预热时间	烤制时间
上管 170℃ 下管 170℃	15 分钟	20 分钟

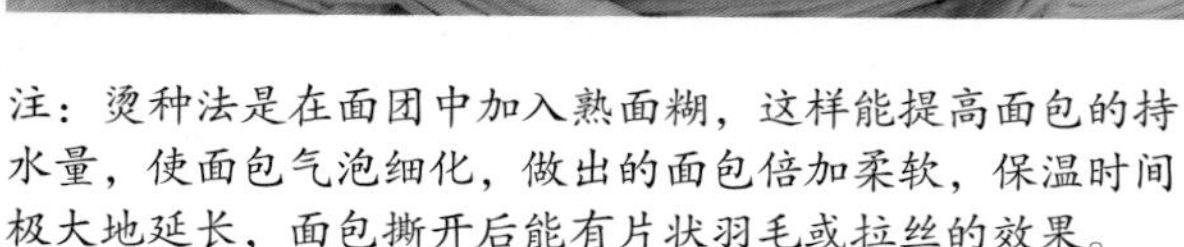

注：烫种法是在面团中加入熟面糊，这样能提高面包的持水量，使面包气泡细化，做出的面包倍加柔软，保温时间极大地延长，面包撕开后能有片状羽毛或拉丝的效果。

制作步骤

1. 将烫种材料混合均匀，小火加热至浓稠后关火，将面糊倒入碗中，盖上保鲜膜晾凉备用。

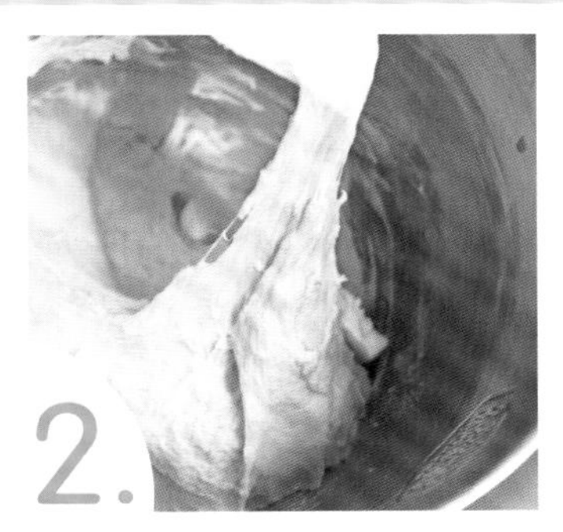

2. 在面糊（步骤1）中加入高筋面粉、奶粉、盐、牛奶、鸡蛋液（40克）、耐高糖酵母粉和糖，揉成能拉出厚膜的面团。

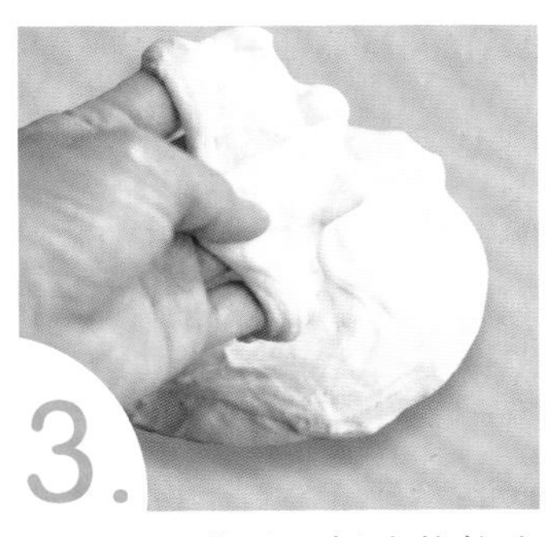

3. 加入无盐黄油，揉成能拉出薄膜的面团。

4. 将面团（步骤3）盖上保鲜膜发酵至两倍大。

5. 将面团分割成每团50克左右的面剂，分别擀成长牛舌状的面饼，上1/3挤上卡仕达酱（做法参见第11页）。

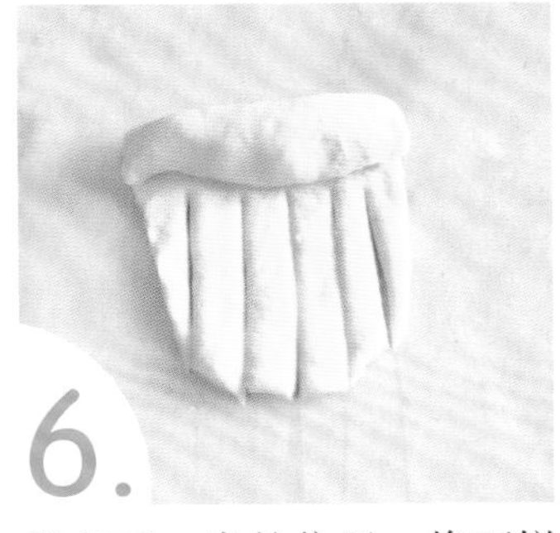

6. 卷起至一半的位置，将面饼下部切开，分成6条。

7. 将面饼由上至下卷成毛毛虫形状。收口处掐紧。

8. 盖上保鲜膜发酵至两倍大，表面刷上鸡蛋液。

9. 放进预热好的烤箱中下层，烤好后立刻取出，放在冷却架上晾凉即可。

米面包

米面包嫩嫩糯糯，独特的大米清香，闻一下就撩动食欲，让人想大快朵颐。这款米面包发酵时间短，制作起来简单，适合新手学习制作。

准备食材

大米面包粉 220 克
奶粉 15 克
鸡蛋液 45 克（约 1 个）
盐 3 克
水 135 克
无盐黄油 20 克
耐高糖酵母粉 3 克
糖 15 克
其他材料：
面粉适量

▲制作要点

- 制作米面包需要用大米面包粉，其他粉不能代替。

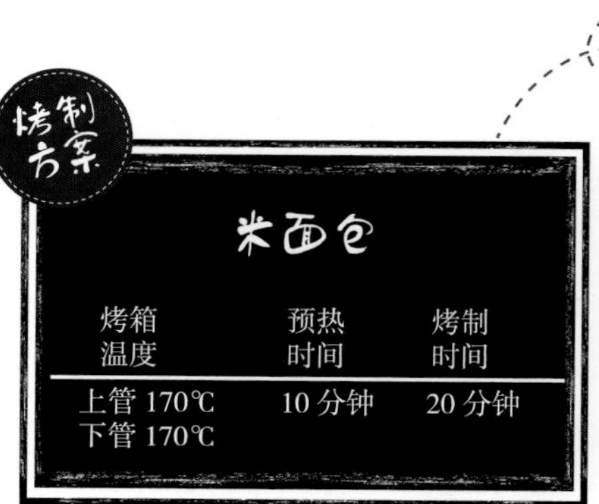
烤制方案

米面包

烤箱温度	预热时间	烤制时间
上管 170℃ 下管 170℃	10 分钟	20 分钟

制作步骤

将大米面包粉、奶粉、鸡蛋液、糖、盐、耐高糖酵母粉和水放入盆内，揉成能拉出厚膜的面团，再加入无盐黄油，继续揉至能拉出薄膜状态。

将面团盖上保鲜膜发酵至两倍大，取出排气后，分割成 8 等份，并逐个滚圆，盖上保鲜膜再松弛 10 分钟。

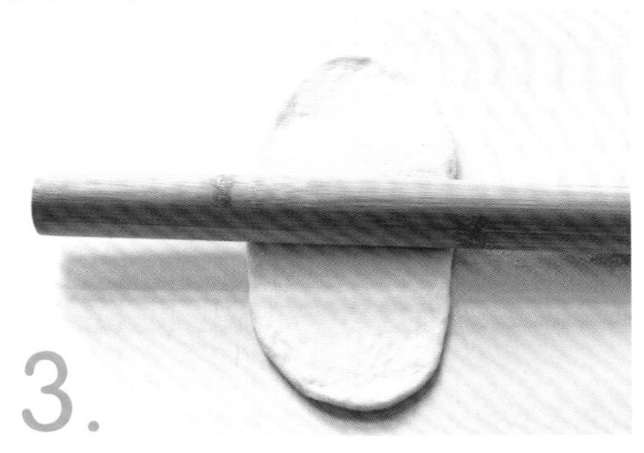

将面团（步骤 2）分别用擀面杖擀开成面饼。

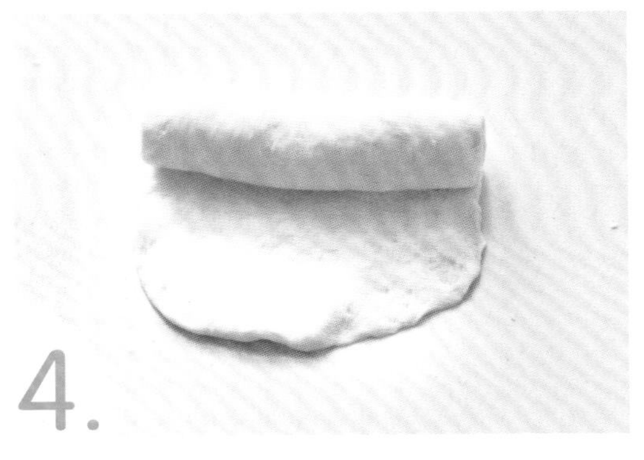

将面饼从上至下卷起。

收口处捏紧，盖上保鲜膜继续发酵至两倍大。

在面包坯表面撒适量面粉，割开裂口，放进预热好的烤箱中下层，烤好后将面包放在冷却架上晾到微温即可，袋装保存。

抹茶大理石辫子面包

辫子面包在制作中其编法与麻花辫编法类似，故获此称号。抹茶大理石辫子面包有清新的抹茶味，是一款越吃越好吃的面包。

准备食材

原味面团材料：

高筋面粉 220 克

牛奶 115 克

鸡蛋液 45 克（约 1 个）

奶粉 30 克

盐 3 克

耐高糖酵母粉 3 克

蜂蜜 20 克

无盐黄油 30 克

抹茶面团材料：

抹茶粉 5 克

热水 35 克

高筋面粉 10 克

制作要点

• 可制成三股辫子，也可挑战更多股辫子。

烤制方案

抹茶大理石辫子面包

烤箱温度	预热时间	烤制时间
上管 180℃ 下管 180℃	10 分钟	30 分钟

制作步骤

将原味面团材料中除无盐黄油外的所有材料放入盆中，揉成能拉出厚膜的面团。

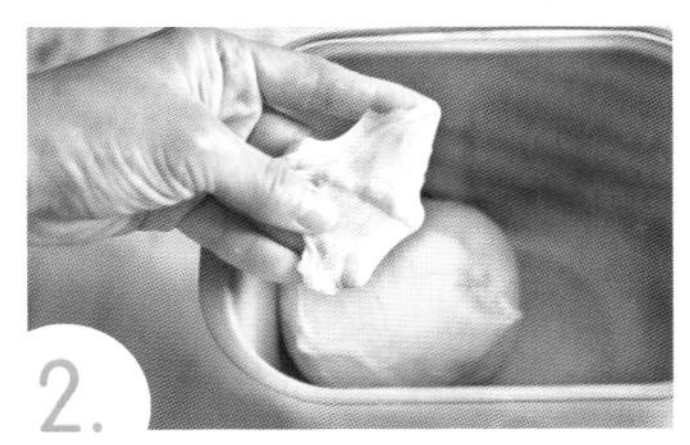

加入无盐黄油继续揉至面团光滑，以能拉出薄膜为宜。

将抹茶面团材料中的抹茶粉用热水融开。

取1/3原味面团（步骤2），加入抹茶液（步骤3）和高筋面粉（10克）揉匀，制成抹茶面团。

将剩余的原味面团和抹茶面团分别盖上保鲜膜发酵至两倍大。

将原味面团和抹茶面团分别平均分成3~6份。

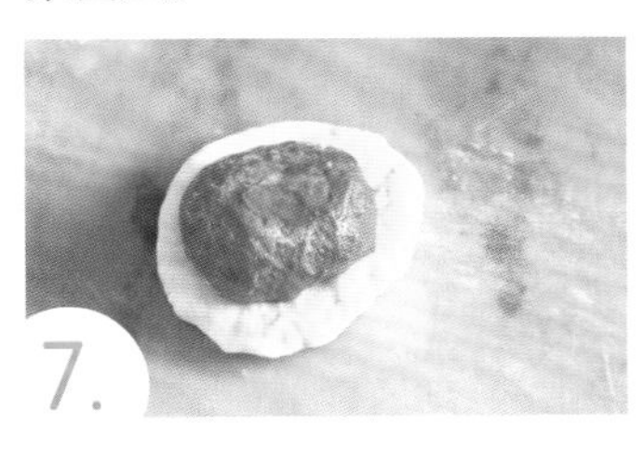

取一份原味面团压扁，中间放上压扁的抹茶面团，包紧。

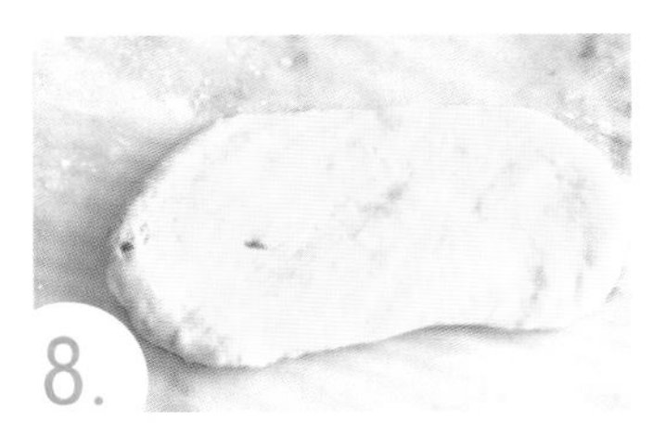

擀成长牛舌状面饼。

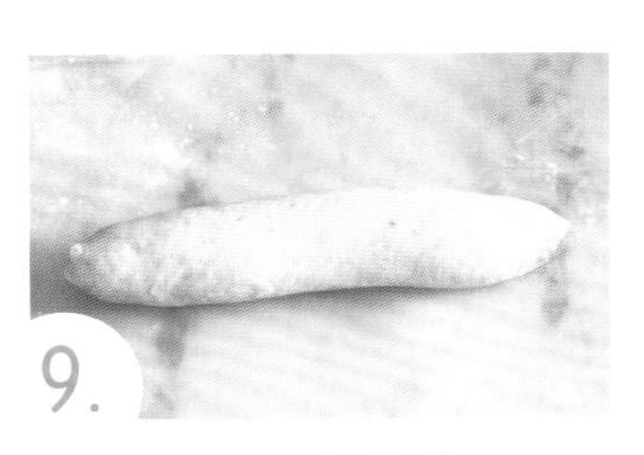

将面饼卷起呈长柱状。

将所有面团按步骤7~9操作，都搓成长柱状。

可每三股长柱状面团编成辫子样，盖上保鲜膜发酵至1.5倍大。

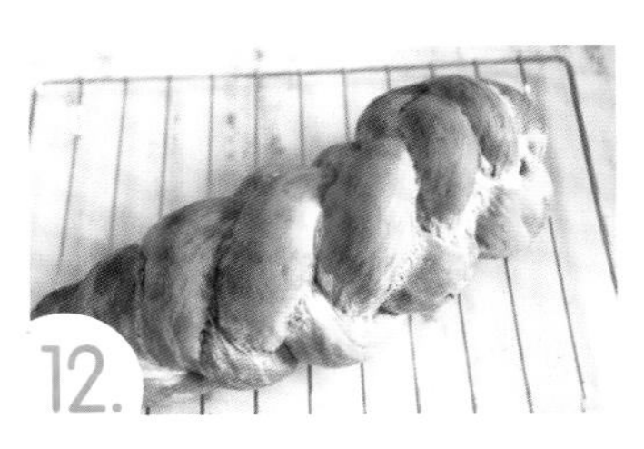

将发酵好的面包坯放进预热好的烤箱中下层，烤好后立刻取出，放在冷却架上，晾凉即可。

奶酪包

奶酪包质地柔软，在松软的面包上抹上浓郁顺滑的奶酪馅，奶味浓郁，每一口都值得回味！

准备食材

中种面团材料：

高筋面粉 200 克

牛奶 120 克

酵母粉 2 克

糖 10 克

主面团材料：

高筋面粉 200 克

鸡蛋液 50 克（约 1 个）

牛奶 80 克

盐 3 克

奶粉 45 克

无盐黄油 50 克

糖 15 克

耐高糖酵母粉 2 克

奶酪馅材料：

奶油奶酪 150 克

淡奶油 60 克

糖 30 克

其他材料：

奶粉适量

制作要点

- 刚做好的奶酪包口感好，若需要保存，冬季可以直接存放在阴凉处；夏季需要放在冰箱冷冻保存，吃的时候提前拿出来回温至柔软即可。

烤箱温度	预热时间	烤制时间
上管 170℃ 下管 170℃	10 分钟	30 分钟

制作步骤

将全部中种面团材料混合成团，盖上保鲜膜发酵至两倍大，以面团内呈蜂窝状为宜。

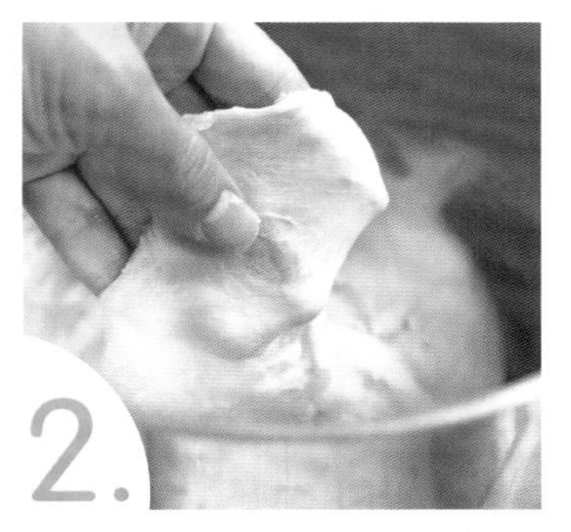

在中种面团（步骤1）中加入主面团材料中的高筋面粉、奶粉、鸡蛋液、糖、盐、耐高糖酵母粉、牛奶，揉成能拉出厚膜的面团，加入无盐黄油，继续揉至能拉出薄膜状态。

将揉好的面团放入模具中，盖上保鲜膜发酵至两倍大。

将面团发酵好后，放入预热好的烤箱中下层，烤好后将面包放在冷却架上，晾凉待用。

将奶酪馅材料中的所有材料放入盆中，隔水加热至柔软，离开热源后搅拌均匀，制成奶酪馅。

将凉透的面包平分；每一块中间再切两刀，但不切断。

将奶酪馅涂抹在面包每个切面处。

将面包切面处蘸上奶粉即可食用。

奶酥吐司

在吐司里加入奶酥，奶香浓郁，每咬一口都很过瘾，好吃到停不下来。

准备食材

面团材料：

高筋面粉 260 克
鸡蛋液 55 克（约 1 个）
盐 3 克
牛奶 140 克
奶粉 20 克
耐高糖酵母粉 3 克
无盐黄油 30 克
糖 10 克

馅料材料：

鸡蛋液 35 克（约 1/2 个）
奶粉 90 克
葡萄干 100 克
无盐黄油 75 克
糖 15 克

其他材料：

鸡蛋液适量

制作要点

·葡萄干要提前用水泡软，然后用纸拭去表面的水迹。

烤制方案

奶酥吐司

烤箱温度	预热时间	烤制时间
上管 180℃ 下管 180℃	10 分钟	40 分钟

制作步骤

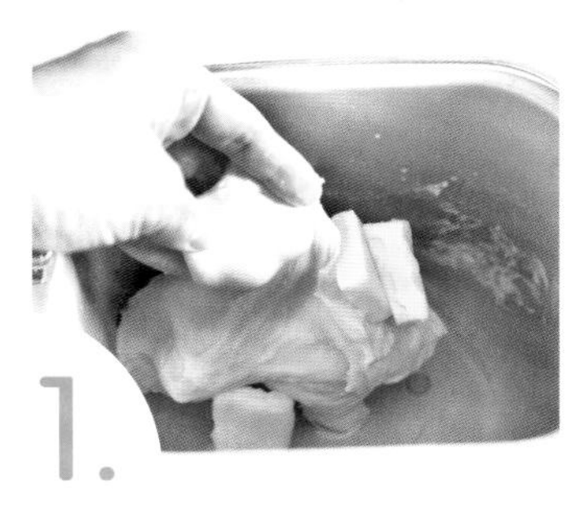

将面团材料中的高筋面粉、奶粉、鸡蛋液、糖、盐、耐高糖酵母粉和牛奶放入盆内，揉成能拉出厚膜的面团。

加入无盐黄油（30克）继续揉至面团光滑，以能拉出薄膜为准。盖上保鲜膜发酵至两倍大。

无盐黄油（75克）软化后加糖（15克）打匀，再分次加入鸡蛋液（35克）搅匀。

加入奶粉（90克）和葡萄干搅拌均匀，制成馅料待用。

将发酵好的面团（步骤2）分成4等份。

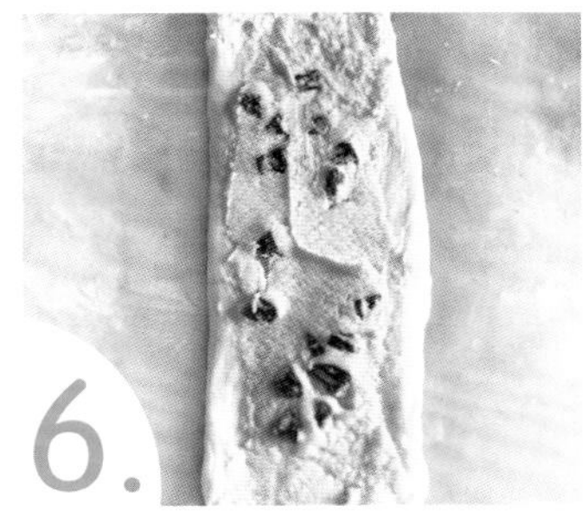

将面团分别擀长，铺上馅料。

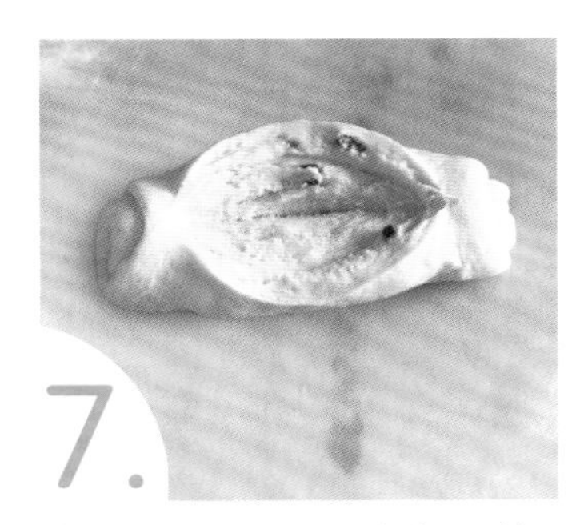

将面饼从上至下卷起，收口处捏紧，在光滑的一面用刀割开裂口。

将面团两端向下拉扯使馅料凸出。

将吐司坯排入吐司模中，盖上保鲜膜发酵至八分满。刷上鸡蛋液，放入预热好的烤箱下层，烤好后立刻脱模，放在冷却架上晾到微温，装袋。

奶香吐司

奶香吐司是很好吃的一款基础吐司，可以用来制作三明治或者搭配果酱食用，奶香浓郁，独具风味。

准备食材

高筋面粉 260 克
鸡蛋液 55 克（约 1 个）
炼乳 30 克
盐 3 克
牛奶 75 克
奶粉 20 克
淡奶油 80 克
无盐黄油 20 克
耐高糖酵母粉 3 克

制作要点

- 要随时观察吐司表面的上色情况，及时加盖锡纸。

这款软香又拉丝的吐司，搭配一杯牛奶，简单且不失精致，就像我们认真地对待生活那样，泛着丝丝的甜。

奶香吐司

烤箱温度	预热时间	烤制时间
上管 180℃ 下管 180℃	10 分钟	40 分钟

制作步骤

将高筋面粉、奶粉、鸡蛋液、炼乳、盐、淡奶油、耐高糖酵母粉和牛奶一同放入盆内，揉成能拉出厚膜的面团。

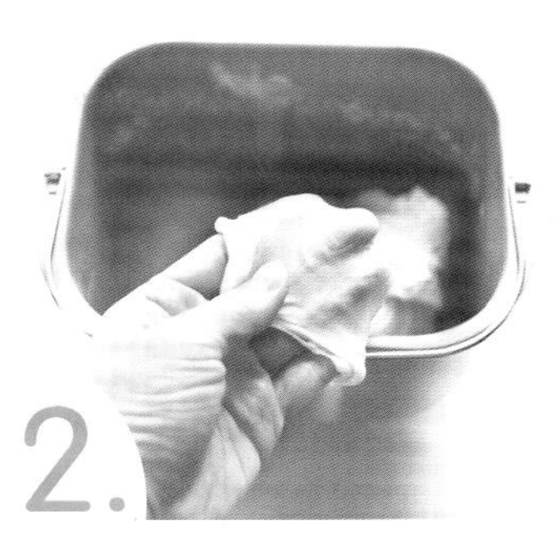

加入无盐黄油，继续揉至面团光滑，以能拉出薄膜为准。

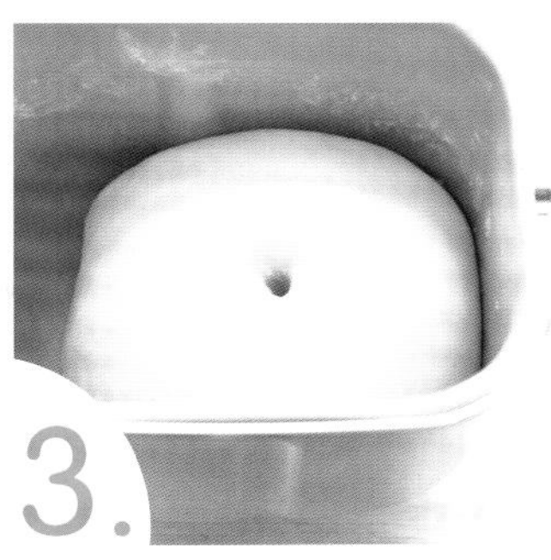

面团盖上保鲜膜发酵至两倍大。

将发酵好的面团分成3等份。

将面团分别擀成牛舌状面饼。

将面饼从上至下卷起，收口处捏紧。

将卷起的面饼（步骤6）重复擀开、卷起一次。

将面包坯依次排入吐司模中，盖上保鲜膜继续发酵至八分满。揭下保鲜膜，放进预热好的烤箱下层烘烤。

烤好后取出，立刻脱模，放在冷却架上晾到微温，装袋。

巧克力餐包

巧克力餐包用无糖可可粉搭配耐烤巧克力豆、巧克力币，巧克力的味道非常浓郁，再配上高筋面粉，口感扎实耐嚼，满满的可可香气，也让这款餐包更加诱人。

准备食材

高筋面粉 230 克
鸡蛋液 50 克（约 1 个）
盐 3 克
牛奶 120 克
无盐黄油 20 克
巧克力币 12 块
耐烤巧克力豆 40 克
耐高糖酵母粉 3 克
无糖可可粉 20 克
糖 15 克
其他材料：
杏仁片、牛奶各适量

制作要点

- 要选择耐烤巧克力豆混在面团中，这样高温烘烤时，巧克力豆不会融化成液体。
- 要做成夹心的巧克力币宜选择纯巧克力，不要选择代可可脂的巧克力。

在很多人心底的美好记忆中，幸福的感觉就像巧克力的味道一样让人回味无穷。

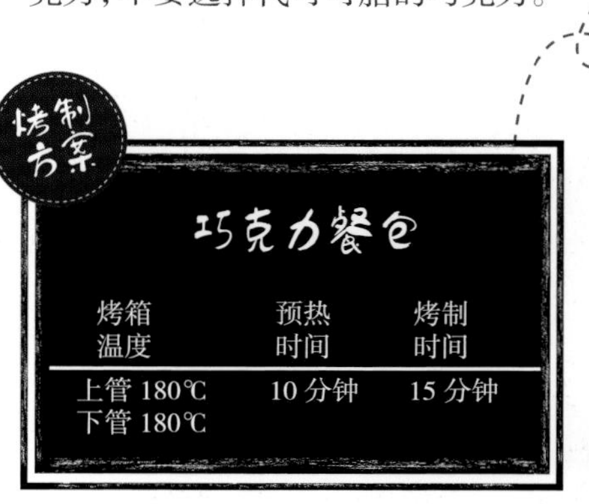

烤制方案

巧克力餐包

烤箱温度	预热时间	烤制时间
上管 180℃ 下管 180℃	10 分钟	15 分钟

制作步骤

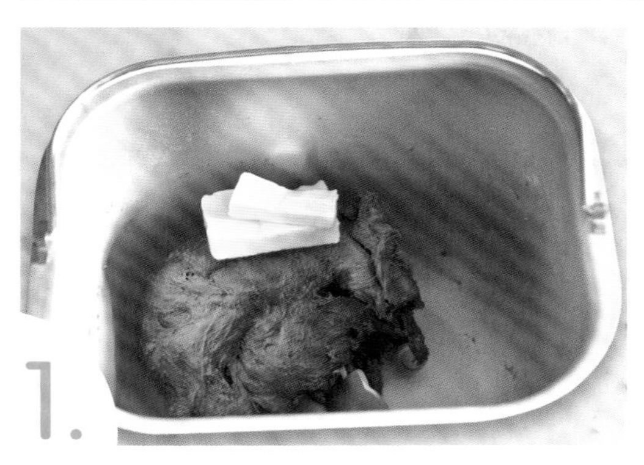

将高筋面粉、无糖可可粉、鸡蛋液、糖、盐、耐高糖酵母粉和牛奶（120 克）放入盆内，揉成能拉出厚膜的面团，加入无盐黄油。

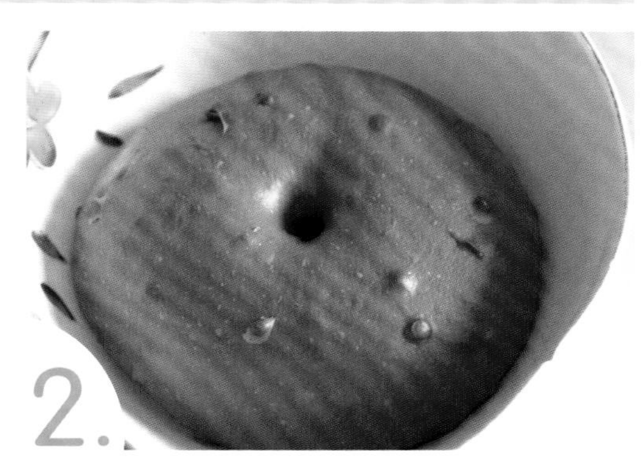

继续揉至面团光滑后，加入耐烤巧克力豆揉匀，盖上保鲜膜发酵至两倍大。

将发酵好的面团（步骤 2）分成 12 等份，揉圆，盖上保鲜膜松弛 10 分钟。

分别将面团压扁，中间嵌入巧克力币。

将巧克力币包起来，收口处捏紧，盖上保鲜膜发酵至两倍大，收口处朝下排入烤盘。

刷一层牛奶，将杏仁片放在上面做点缀，然后放进预热好的烤箱中层，烤好后取出，放在冷却架上晾到微温，即可装袋。

全麦吐司

全麦吐司是很健康的一款面包，在减肥的人群中非常受欢迎，可作为主食，也适合做各种三明治，还可搭配沙拉食用。

准备食材

高筋面粉 200 克
全麦粉 50 克
鸡蛋液 55 克（约 1 个）
盐 3 克
水 120 克
无盐黄油 30 克
耐高糖酵母粉 3 克
糖 10 克

制作要点

• 吐司晾到微温后装袋，在袋子里凉透后再切片密封保存。

烤制方案

全麦吐司

烤箱温度	预热时间	烤制时间
上管 200℃ 下管 200℃	15 分钟	45 分钟

制作步骤

1. 将高筋面粉、全麦粉、鸡蛋液、糖、盐、耐高糖酵母粉和水放入盆内，揉成能拉出厚膜的面团。

2. 加入无盐黄油，继续揉至面团光滑，以能拉出薄膜为准。

3. 将面团盖上保鲜膜发酵至两倍大。

4. 将发酵好的面团分成两等份，揉圆，盖上保鲜膜松弛25分钟。

5. 取面团排气，擀成长牛舌状面饼，再两边向内折。

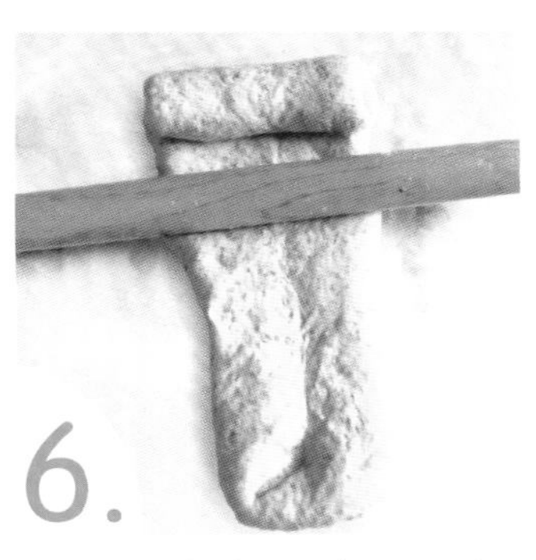

6. 翻面，再次擀开，由上至下卷起。

7. 放入吐司模具中，盖上保鲜膜发酵至两倍大。

8. 盖上吐司模具盖，放进预热好的烤箱下层。

9. 吐司烤好后取出，放在冷却架上，晾到微温，即可装袋。

全麦肉松面包

这款肉松面包用了烫种的方法制作，所以烤好的面包口感非常柔软，再配上满满的肉松，实在是口口满足！

准备食材

烫种材料：
高筋面粉 35 克
沸水 25 克
面团材料：
高筋面粉 170 克
全麦粉 50 克
鸡蛋液 53 克（约 1 个）
盐 3 克
水 100 克
无盐黄油 25 克
耐高糖酵母粉 3 克
糖 10 克
烫种馅料：
卡仕达酱、肉松各适量

制作要点

- 烫种要用沸腾的水制作，添加烫种的目的是为了让面包更柔软，而且不容易老化。

烤制方案

全麦肉松面包

烤箱温度	预热时间	烤制时间
上管 180℃ 下管 180℃	15 分钟	15 分钟

制作步骤

将全部烫种材料混合均匀，揉成面团，盖上保鲜膜，放入冰箱降温，待用。

烫种面团加入面团材料中的高筋面粉、全麦粉、鸡蛋液、糖、盐、耐高糖酵母粉和水，揉成能拉出厚膜的面团。

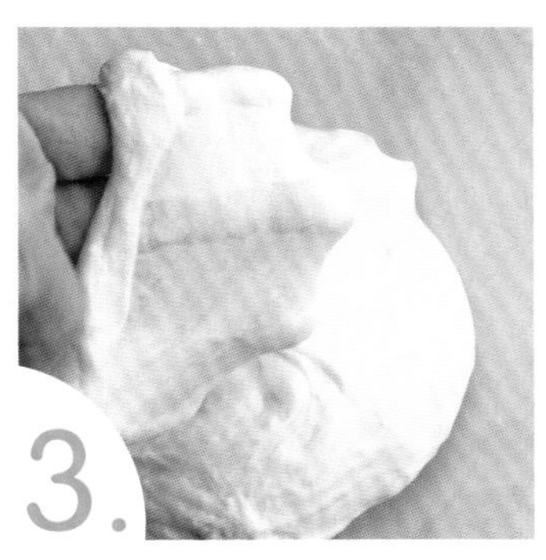

加入无盐黄油，继续揉至面团光滑，以能拉出薄膜为佳，盖上保鲜膜发酵至两倍大。

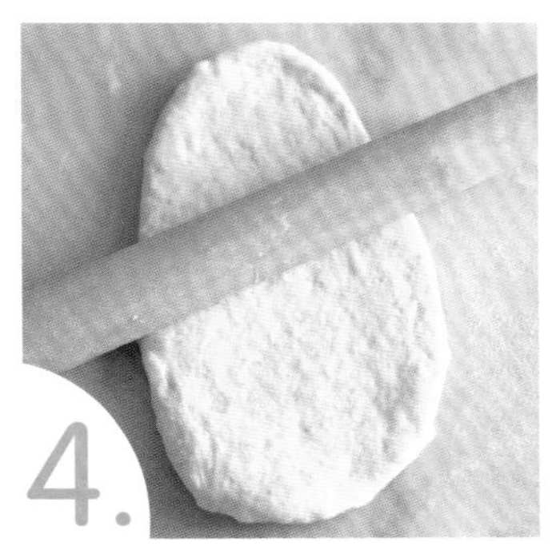

将发酵好的面团分成约 60 克一份的小面团并揉圆，再擀成牛舌状面饼。

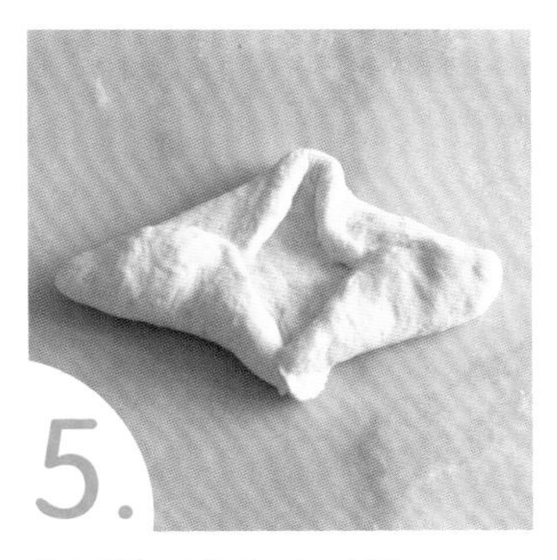

将面饼四角向内对折。

再上下对折，收口处捏紧。

光滑面向上，盖上保鲜膜发酵至两倍大。揭下保鲜膜，放入预热好的烤箱下层。

烤好后放在冷却架上晾到微温再放入盘中，在表面竖向切一刀，不切断。

切口内及表面抹上卡仕达酱，裹上肉松即可。

碱水包

碱水包是一款非常有特色的面包，由于在烘焙之前被碱水泡过，所以它的表皮薄硬，内部组织紧密，非常有嚼头，用它做三明治或者单吃，味道都很不错。

准备食材

面团材料：

高筋面粉 300 克

水 165 克

盐 3 克

无盐黄油 15 克

耐高糖酵母粉 3 克

其他材料：

烘焙碱 20 克

温水 500 克

制作要点

- 烘焙碱主要成分是酸式盐，能使食物最大限度地吸收水分，恢复原有性状。
- 调制烘焙碱的时候一定要戴着手套操作，千万不要用手碰触烘焙碱和调好的碱水，避免灼伤皮肤。
- 碱水不要提前做好，在面团冷冻 15 分钟时调配即可。

烤制方案

碱水包

烤箱温度	预热时间	烤制时间
上管 200℃ 下管 200℃	15 分钟	20 分钟

制作步骤

将高筋面粉、水、盐、耐高糖酵母粉放入盆内，揉成能拉出厚膜的面团。

加入无盐黄油，继续揉至面团光滑。

将面团分割成 6~8 个大小相同的面剂，盖上保鲜膜松弛 10 分钟，再放入冰箱冷冻 20 分钟。

在面团冷冻到第 15 分钟时制作碱水，烘焙碱加温水调匀即成。

取出冻好的面剂，放进碱水中浸泡 30 秒。

取出碱水包坯，控水，排入烤盘中，表面用刀切口，放进预热好的烤箱中下层，烤好后立刻取出，放在冷却架上，晾凉即可。

金沙香芋可可软欧

金沙香芋可可软欧将芋泥和咸蛋黄结合在一起，口感香糯，每咬一口都超级满足，喜欢咸口面包的一定要试一下！

准备食材

酵头材料：

高筋面粉 50 克

水 50 克

耐高糖酵母粉 0.5 克

主面团材料：

高筋面粉 250 克

盐 3 克

淡奶油 85 克

牛奶 115 克

无盐黄油 15 克

无糖可可粉 15 克

耐高糖酵母粉 2 克

 糖 10 克

馅料：

金沙芋泥馅、肉松各适量

制作要点

- 金沙芋泥馅的制作：

1. 荔浦芋头去皮蒸熟，温热时压成泥，加入炼乳或者糖调味。
2. 生咸蛋黄提前用烤箱设置 120℃烘烤至微微出油，取出压碎，和芋泥混合。
3. 根据个人喜好配比芋泥和咸蛋黄的用量。

- 可在发酵好的面包坯表面撒适量面粉，用割刀划出喜欢的图案，也可以省略。

烤制方案

金沙香芋可可软欧

烤箱温度	预热时间	烤制时间
上管 200℃ 下管 200℃	15 分钟	15 分钟

制作步骤

将全部酵头材料混合均匀，发酵至面糊内呈蜂窝状，且闻起来有酸味的状态。

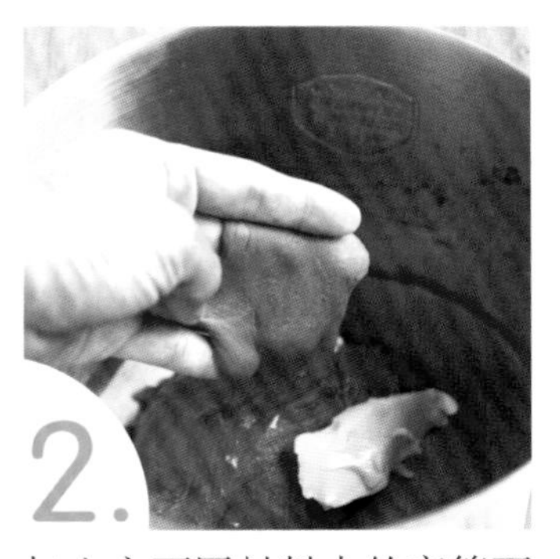

加入主面团材料中的高筋面粉、糖、盐、耐高糖酵母粉、无糖可可粉、淡奶油、牛奶，揉成能拉出厚膜的面团。

加入无盐黄油，继续揉至面团光滑，以能拉出薄膜状态为准，盖上保鲜膜室温发酵至两倍大。

面团发酵好后取出排气，分割成多个 50~70 克大小的面团并揉圆，松弛 10 分钟。

将小面团分别压扁擀开，先铺上肉松，再放上金沙芋泥馅。

将馅料包起来，收口处捏紧，光滑面朝上。

将面团轻轻压扁，放进铺好油纸的烤盘里，盖上保鲜膜继续发酵至两倍大。

表面撒适量面粉，割花纹，放入预热好的烤箱中下层，烤好后放在冷却架上降温。

生吐司

生吐司是一款非常好吃的吐司，因配方中不使用鸡蛋，所以称为“生吐司”。它无论是口感还是风味，在吐司界都是首屈一指的。

准备食材

汤种材料：

水 50 克　　高筋面粉 15 克

主面团材料：

高筋面粉 270 克　　炼乳 20 克

盐 3 克　　水 140 克

淡奶油 20 克　　无盐黄油 25 克

耐高糖酵母粉 3 克

制作要点

- 汤种制作时一定要用小火，并且要边加热边搅拌，加热至浓稠后立刻关火，再不停搅拌，借助余温让其能够达到铲子划过锅底能留下痕迹的状态。
- 制作好的汤种裹保鲜膜降温至完全凉透就可以用，放入冰箱冷藏 12 小时再用为佳。
- 添加汤种的目的是为了延缓吐司老化的速度，让吐司口感更加柔软。

烤制方案

生吐司

烤箱温度	预热时间	烤制时间
上管 180℃ 下管 180℃	10 分钟	50 分钟

注：“汤种”意为温热的面种或稀的面种。“汤”的意思有开水、热水、泡温泉之意。“种”为种子、品种、材料、面肥（种）之意。用在烘焙术语的解释是将面粉加水在瓦斯炉上加热，使淀粉糊化，或者将面粉加入不同温度的热水，使其糊化，此糊化的面糊称为汤种。

制作步骤

将汤种材料中的水和高筋面粉混合均匀，小火加热至浓稠后关火，将面糊倒入碗中，盖上保鲜膜晾凉备用。

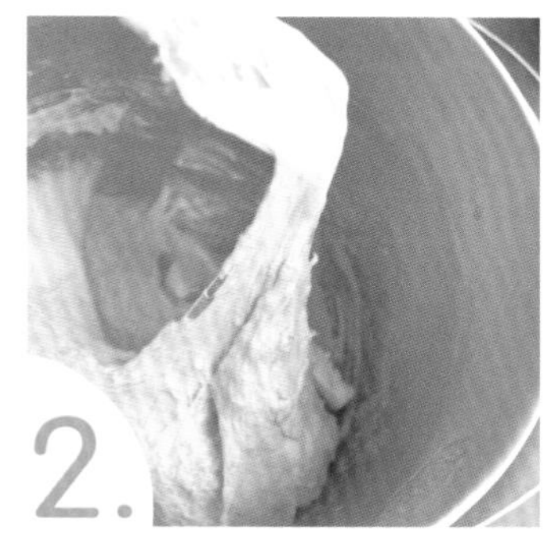

汤种面糊中加入主面团材料中的高筋面粉、炼乳、盐、淡奶油、耐高糖酵母粉和水，揉成能拉出厚膜的面团。

加入无盐黄油，继续揉至面团光滑，以能拉出薄膜状态为准，盖上保鲜膜室温发酵至两倍大。

取出面团排气，将其分成两等份。

分别将两份面团擀成长条状面饼。

将面饼从上至下卷起。

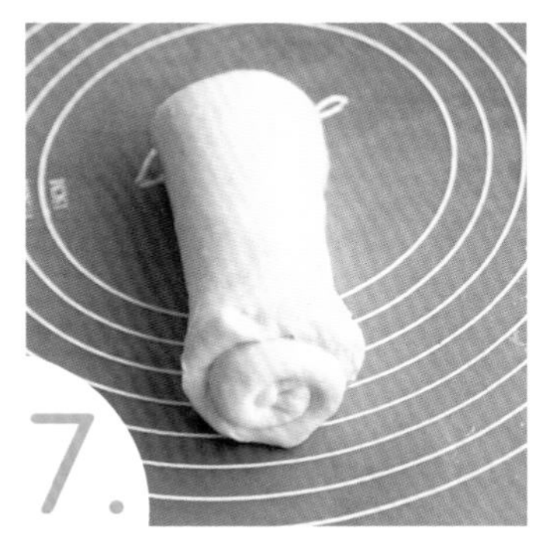

将卷起的面饼（步骤 6）再次擀成长条状面饼，而后卷起。

将吐司坯排入吐司盒中发酵至八分满，盖上模具盖子，放进预热好的烤箱下层，烤好后取出，放在冷却架上降温。

酸奶吐司

酸奶是天然的改良剂，用酸奶制作的面包非常柔软，直接食用口感非常棒！

准备食材

高筋面粉 260 克
鸡蛋液 45 克（约 1 个）
牛奶 55 克
盐 3 克
无盐黄油 30 克
耐高糖酵母粉 3 克
无糖酸奶 100 克
糖 20 克

制作要点

•酸奶要选择无糖的、浓厚型的。

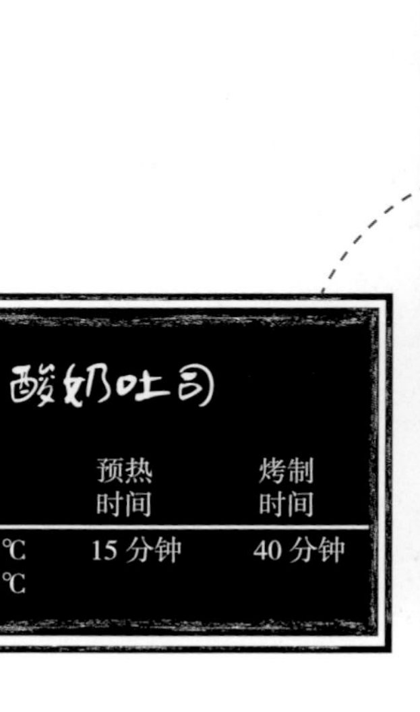

酸奶吐司

烤箱温度	预热时间	烤制时间
上管 200℃ 下管 200℃	15 分钟	40 分钟

制作步骤

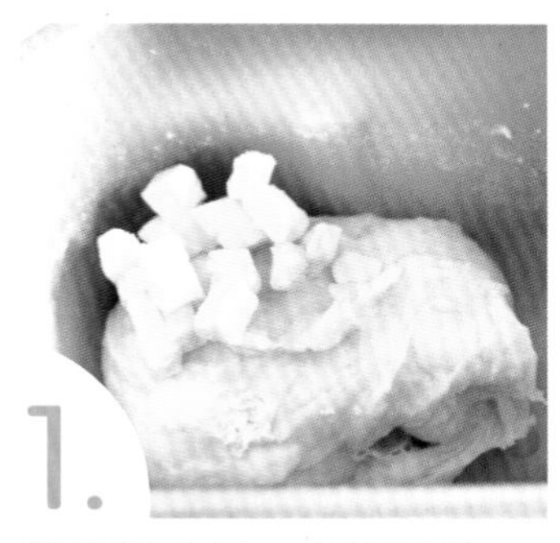

1.将无糖酸奶、高筋面粉、鸡蛋液、糖、盐、耐高糖酵母粉和牛奶放入盆内，揉成能拉出厚膜的面团。加入无盐黄油。

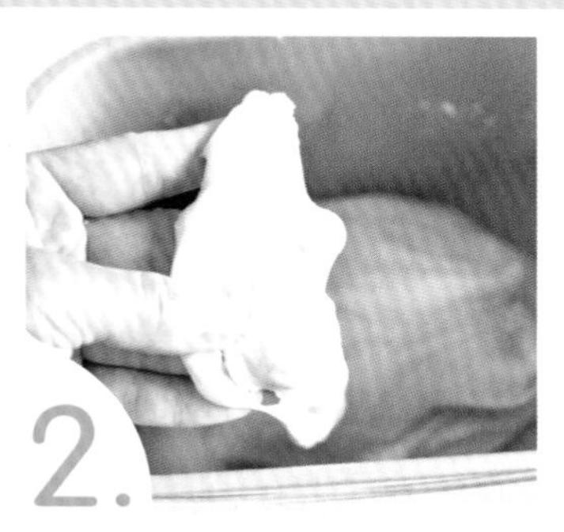

2.继续揉至面团光滑，以能拉出薄膜状态为准。

3.盖上保鲜膜室温发酵至两倍大。

4.取出面团排气后，将其分成2~3等份面剂，并揉圆。

5.将分割好的面团分别擀成牛舌状面饼，尽量擀长。

6.翻面，将面饼从上至下卷起。

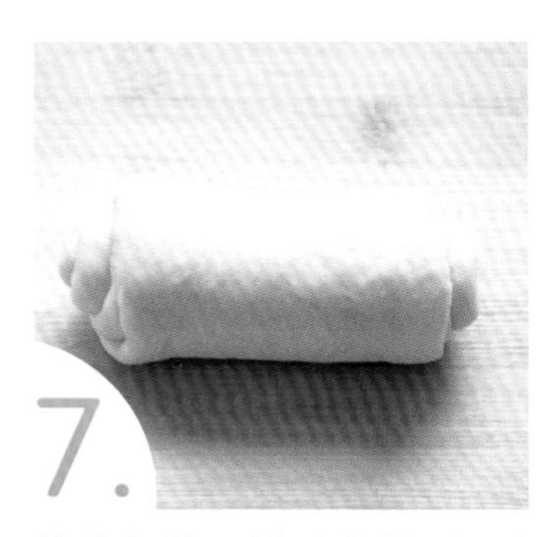

7.将卷起的面饼（步骤6）再次擀成牛舌状面饼，尽量擀长，而后卷起。

8.排入吐司盒中发酵至八分满，盖上吐司模具盖子，放进预热好的烤箱下层，烤好后取出，放在冷却架上降温。

蒜香面包

蒜香面包拥有脆脆的外皮、柔软的内心和浓郁的蒜香。很多人平时不喜欢大蒜，觉得它的味道太过于辛辣刺激，但是经过烘烤后的大蒜却有另一种香味。没胃口的时候，只要闻起它，瞬间能唤醒味蕾。

准备食材

面团材料：

高筋面粉 195 克
盐 2 克
水 100 克
鸡蛋液 45 克（约 1 个）
无盐黄油 20 克
耐高糖酵母粉 2 克
糖 10 克

蒜香馅材料：

蒜泥 40 克
无盐黄油 40 克
盐 1 克
黑胡椒粉少许
糖 5 克

⚠ 制作要点

- 无盐黄油软化是指让无盐黄油在室温下软化至柔软的状态，像膏状，不要化成液体。
- 烤面包时要注意观察面包表面上色情况，及时加盖锡纸。

烤制方案

蒜香面包

烤箱温度	预热时间	烤制时间
上管 170℃ 下管 170℃	10 分钟	18 分钟

制作步骤

1. 将面团材料中的高筋面粉、糖、盐、耐高糖酵母粉、水和鸡蛋液放入盆内，揉成能拉出厚膜的面团。

2. 加入无盐黄油（20 克），继续揉至面团光滑，以能拉出薄膜状态为准，盖上保鲜膜室温发酵至两倍大。

3. 制作蒜香馅：馅料中的无盐黄油软化，加蒜泥、盐、糖、黑胡椒粉混合均匀即成。

4. 取出发酵好的面团排气，将其分成 3~4 等份面剂，并揉圆。

5. 将分割好的面团擀成牛舌状面饼。

6. 将面饼四角向内折。

7. 再对折，收口处捏紧，光滑面朝上，盖上保鲜膜发酵至两倍大。

8. 发酵好后在表面割开裂口，挤入蒜香馅，放进预热好的烤箱中下层，烤好后将面包取出，放在冷却架上降温。

椰蓉条

椰蓉吐司是我们小时候觉得最好吃的面包之一了，这款椰蓉条的做法，可以保证每一口都能吃到香喷喷的椰蓉馅。

准备食材

面团材料：

高筋面粉 250 克　炼乳 20 克
盐 3 克　奶粉 20 克
牛奶 135 克　鸡蛋液 50 克（约1个）
耐高糖酵母粉 3 克　无盐黄油 30 克

椰蓉馅材料：

无盐黄油 80 克　鸡蛋液 85 克（约 2 个）
葡萄干适量　椰蓉 100 克
奶粉 15 克　糖 10 克

其他材料：

鸡蛋液适量

做成麻花状的椰蓉条表皮起酥，包裹着一层椰蓉，很适合给自己加餐食用。

制作要点

- 葡萄干需要提前用水泡软并擦干表面水迹。

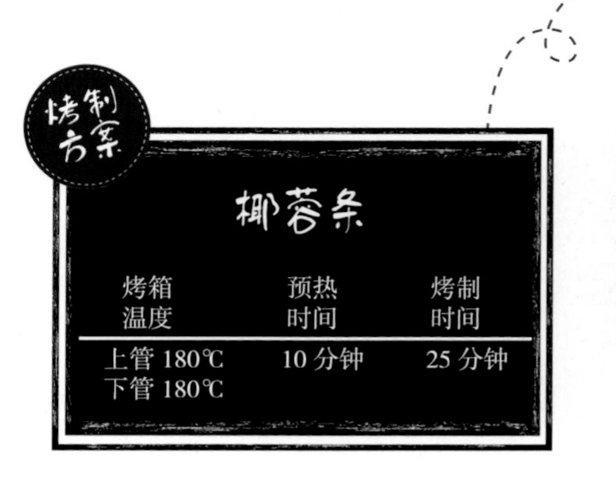

烤制方案

椰蓉条

烤箱温度	预热时间	烤制时间
上管 180℃ 下管 180℃	10 分钟	25 分钟

制作步骤

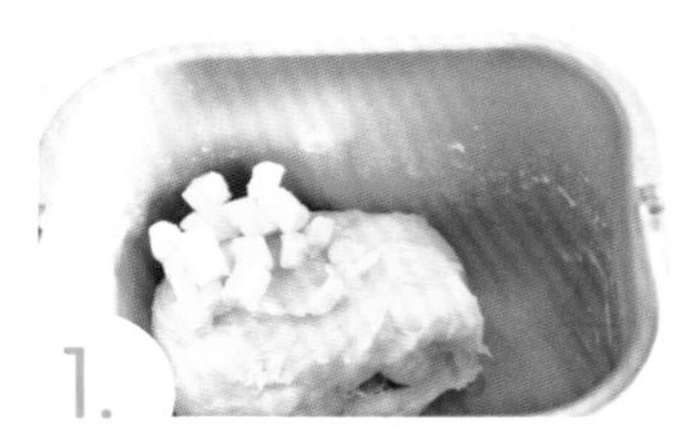

将面团材料中的高筋面粉、炼乳、盐、耐高糖酵母粉、奶粉、鸡蛋液、牛奶放入盆内，揉成能拉出厚膜的面团。

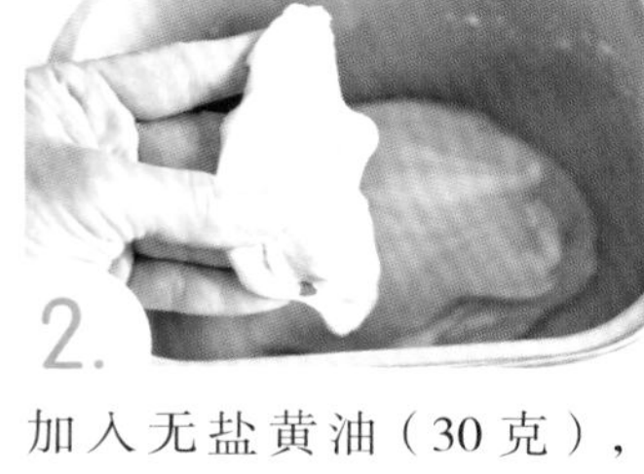

加入无盐黄油（30克），继续揉至面团光滑，以能拉出薄膜状态为准，盖上保鲜膜室温发酵至两倍大。

椰蓉馅材料中的无盐黄油软化后加糖打顺滑，分两次加入鸡蛋液（85克）打匀。

加入奶粉打匀，再加入椰蓉拌匀，制成椰蓉馅，备用。

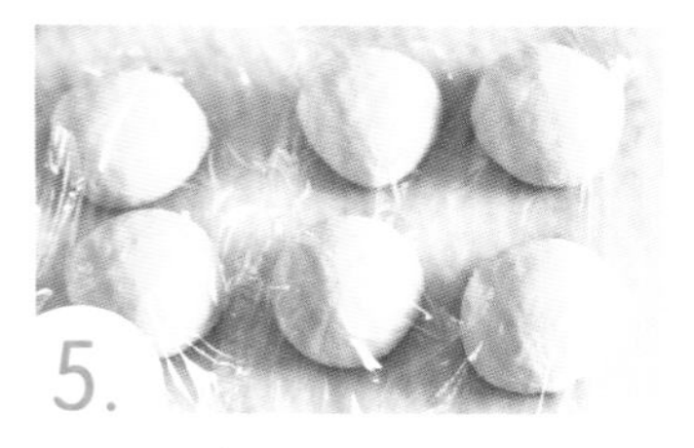

面团（步骤2）发酵好后取出排气，分割成6等份小面团，并揉圆，盖保鲜膜松弛15分钟。

将面团分别擀成长方形面饼，将椰蓉馅涂在面皮上并撒上葡萄干，馅不要涂满，留1/3的面皮不涂。

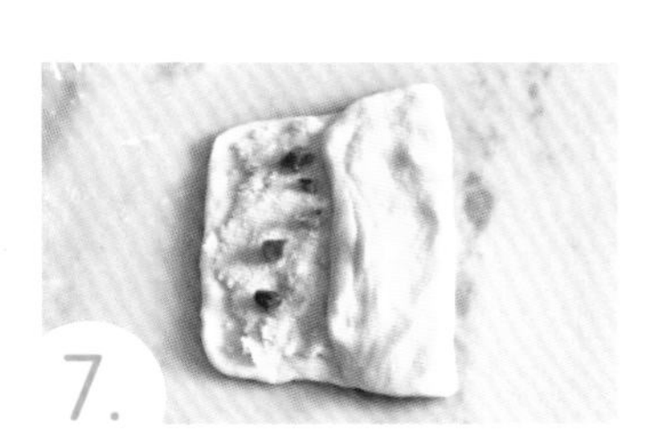

将没有涂馅的面皮折叠盖在有馅料处，遮到1/3处。

将剩余有馅的面皮折叠在最上方。

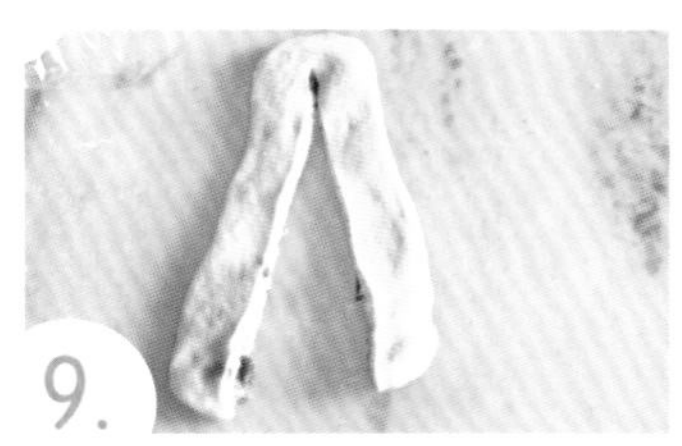

用擀面杖将其轻轻擀成长条，从中间切割，顶部不要切断。

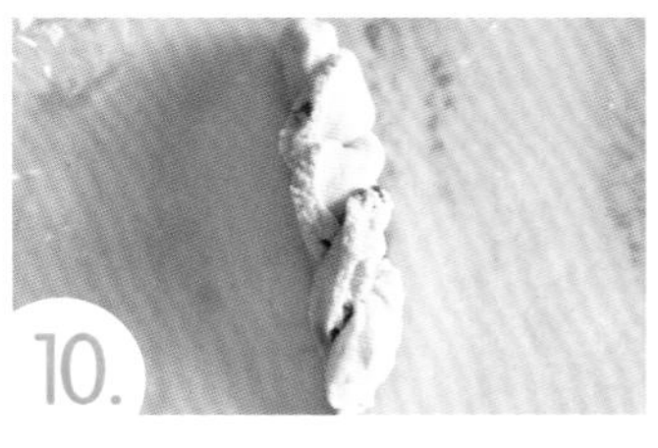

将切割的两条面团交叉扭成麻花状。

放进烤盘里盖上保鲜膜，室温发酵至两倍大。

发酵好的面包坯表面刷一层鸡蛋液，放入预热好的烤箱中下层，烤好后立刻将面包取出，放在冷却架上降温。

油酥面包

这款油酥面包花生味道非常浓郁，口感柔软，用纯正花生酱和花生油调好的油酥，香味醇厚，真的强烈推荐！

准备食材

面团材料：

高筋面粉 400 克
水 255 克
盐 4 克
奶粉 30 克
无盐黄油 40 克
耐高糖酵母粉 4 克
糖 20 克

油酥馅材料：

花生油 90 克
普通面粉 150 克
无糖花生酱 70 克
糖粉 20 克

制作要点

• 油酥馅炒好后是软的，需要放冰箱冷藏，变得硬一点儿，更好操作。

烤制方案

油酥面包

烤箱温度	预热时间	烤制时间
上管 180℃ 下管 180℃	10 分钟	25 分钟

制作步骤

先制作油酥馅：将花生油放入锅中烧热后，加入普通面粉炒香，关火。加入糖粉和无糖花生酱拌匀，盛出晾凉，冷藏 2 小时以上备用。

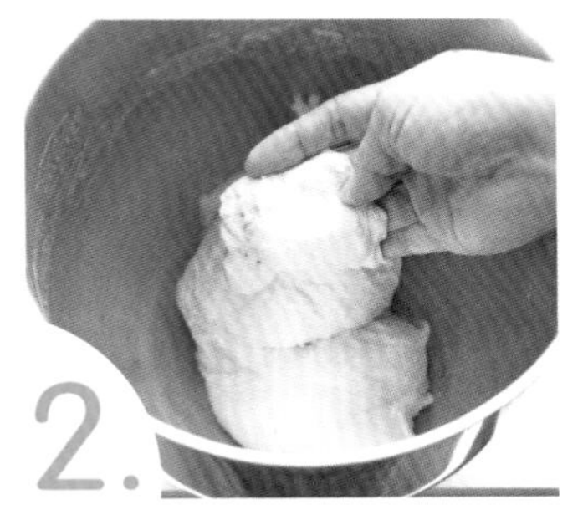

将高筋面粉、水、糖、耐高糖酵母粉、盐和奶粉放入盆内，揉成能拉出厚膜的面团。

加入无盐黄油，继续揉至面团光滑，以能拉出薄膜状态为准。

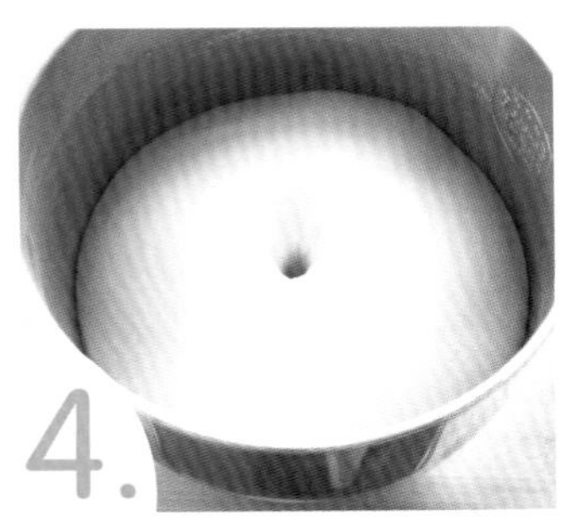

将面团盖上保鲜膜，室温发酵至两倍大。

发酵好后取出排气，分割成多个约 50 克的面团并揉圆。

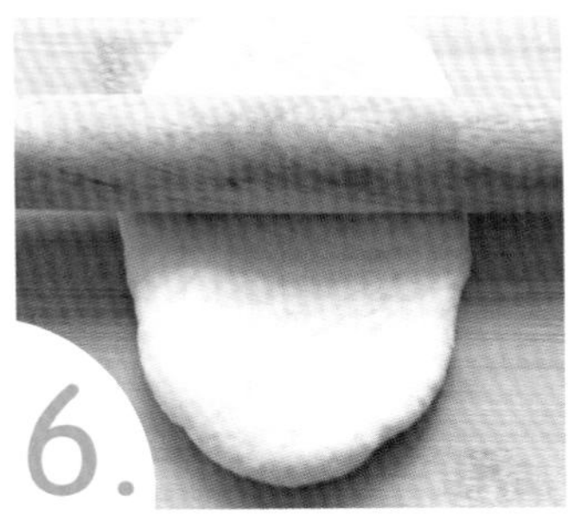

分别将面团擀成牛舌状面饼。

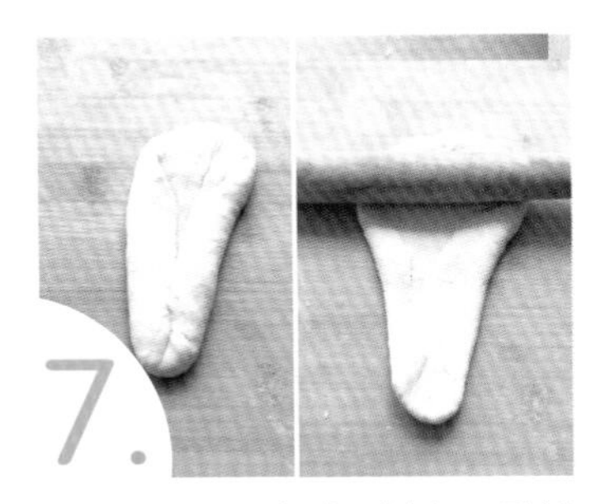

将面饼两边向内对折，顶部不要对折，似长水滴状。先竖向擀开下方，再将顶部横向擀开，使其呈 T 字形。

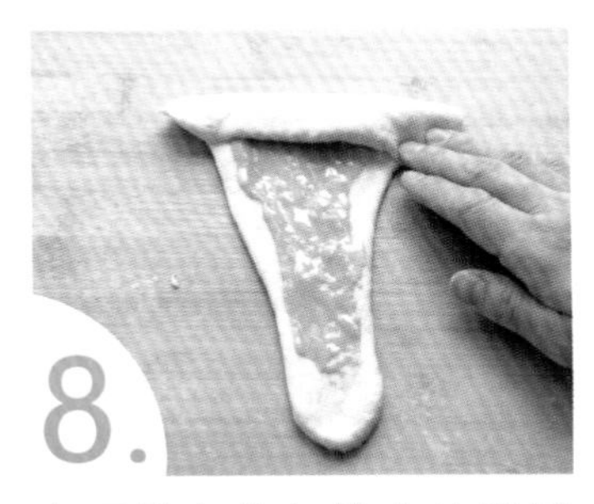

在面饼上均匀抹上油酥馅（步骤 1），由上至下卷起。

将面包坯放进烤盘里，盖上保鲜膜发酵至两倍大，放入预热好的烤箱中下层，烤好后立刻将面包取出，放在冷却架上降温。

脆脆小饼干，天天好心情

酥脆的、卡通的……各种各样的饼干，每一口都能够让味蕾得到极大的满足，既可以当作休闲小零食，也可以在感到饥饿时来上几块。接下来，让我们一起来做越吃越上瘾的美味饼干吧！

大理石曲奇

只需 6 种配料的大理石曲奇，酷似天然大理石的花纹看上去十分漂亮，有着双重复合的味道，既简约又香酥，一口一个，好吃到根本停不下来。

准备食材

无盐黄油 100 克
低筋面粉 145 克
鸡蛋液 20 克（约半个）
⚖ 无糖奶粉 10 克
⚖ 无糖可可粉 6 克
⚖ 糖粉 30 克

▲ 制作要点

• 烤盘用不粘烤盘，或者提前将烤盘铺上油纸，以防粘连。
• 可以将无糖可可粉、奶粉，换成抹茶粉或草莓粉等。

烤制方案

大理石曲奇

烤箱温度	预热时间	烤制时间
上管 180℃ 下管 180℃	10 分钟	15 分钟

制作步骤

无盐黄油室温软化后加糖粉用电动打蛋器搅打均匀，再将鸡蛋液分三次加入，每次加都要充分打匀。

筛入低筋面粉，搅拌均匀，制成面团。

取 2/3 面团，加入无糖奶粉拌匀，制成原味面团；剩下的面团加入无糖可可粉制成可可面团。

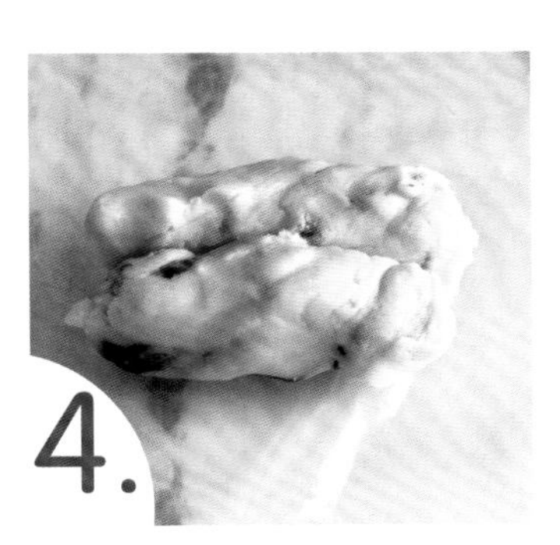

原味面团压成饼状，包住可可面团，搓成长柱状并对折。

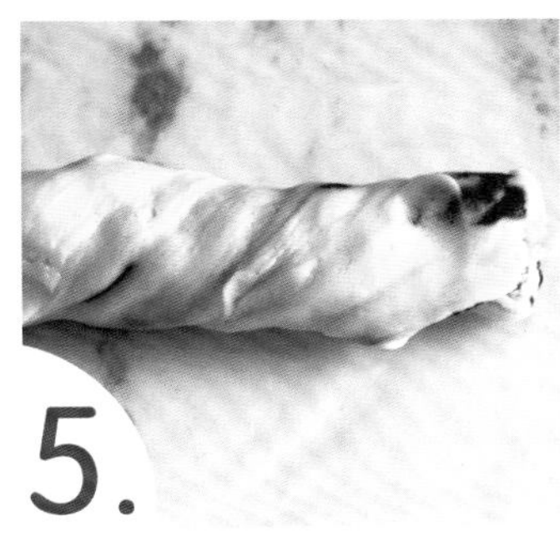

再次搓成长柱状，并扭搓。

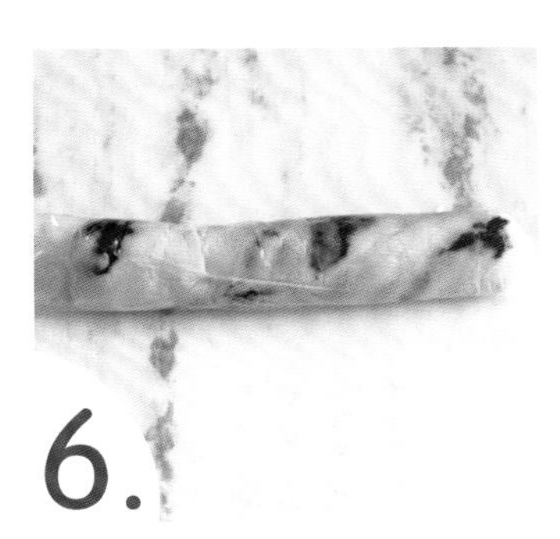

继续搓长，裹保鲜膜放冰箱冷藏定型。

切成约 0.5 厘米厚的片，排入不粘烤盘。

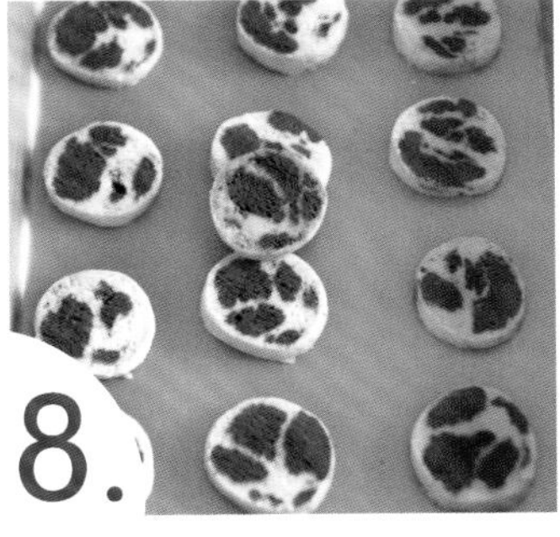

将烤盘放入预热好的烤箱中层，烘烤好后，饼干底部呈焦黄色，取出晾凉后装袋密封保存。

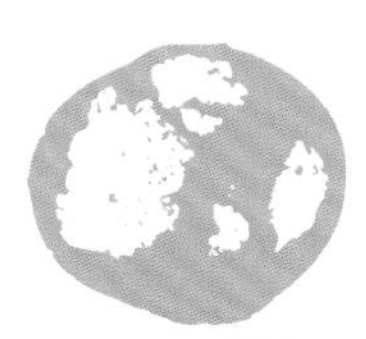

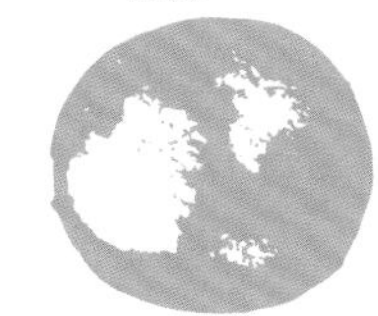

核桃酥

坚果多多的核桃酥，每一口都很满足，流连于唇齿间的怀旧情怀，延续童年的味道，这才是真正有核桃的“核桃酥”！

准备食材

低筋面粉 145 克
泡打粉 1 克
小苏打 1 克
植物油 75 克
鸡蛋 50 克（约 1 个）
核桃仁碎或碧根果仁碎 30 克
糖 25 克
其他材料：
整颗碧根果仁适量

▲ 制作要点

- 核桃仁也可以用碧根果仁或花生仁代替。
- 植物油宜用无味道的油，也可以用花生油制作出花生味的核桃酥。

烤制方案

核桃酥

烤箱温度	预热时间	烤制时间
上管 180℃ 下管 180℃	10 分钟	30 分钟

制作步骤

鸡蛋打散，加入糖，充分搅匀至糖基本融化。

加入植物油充分搅拌均匀，再加入小苏打和泡打粉搅匀。

筛入低筋面粉（步骤 2），搅拌均匀。

拌至大致无干粉状态即可。

加入碧根果仁碎拌匀，将面团分成 9~12 等份。

搓成小球排入烤盘，轻轻按压小球中间并放入整颗碧根果仁。放进预热好的烤箱中下层，烤好后取出放在冷却架上，室温晾凉，密封保存。

黄油曲奇

香酥的黄油曲奇，入口即化，无论是当作零食，或是作伴手礼，或是作加餐点心，都是很好的选择。

准备食材

低筋面粉 200 克
无盐黄油 200 克
鸡蛋液 45 克（约 1 个）
盐 1 克
⚖ 糖粉 35 克
⚖ 无糖奶粉 15 克

⚠ 制作要点

- 鸡蛋液需要用常温下的，每次加蛋液都要充分打匀才能继续添加。
- 烤盘要提前铺油纸，或者用不粘烤盘。

烤制方案

黄油曲奇

烤箱温度	预热时间	烤制时间
上管 180℃ 下管 160℃	10 分钟	15 分钟

制作步骤

无盐黄油室温软化后加入糖粉，用电动打蛋器打匀，再将鸡蛋液分三次加入，每次充分打匀，直至颜色变浅。

加入无糖奶粉和盐搅拌均匀后，再加入过筛的低筋面粉。

用刮刀翻搅按压，将面糊充分拌匀，拌至面糊表面细腻。

给裱花袋装上曲奇裱花嘴，装入面糊。

将曲奇面糊挤在铺了油纸的烤盘内，放入预热好的烤箱中层。

曲奇烘烤好后，在烤盘上晾到微温取出，放在冷却架上凉透后，密封保存。

卡通饼干

可爱的卡通造型小饼干，很讨小朋友的欢心哦！

烤箱温度	预热时间	烤制时间
上管 170℃ 下管 170℃	10 分钟	15 分钟

准备食材

面团材料：

低筋面粉 110 克

无盐黄油 75 克

鸡蛋液 15 克（约半个）

⚖ 无糖奶粉 15 克

⚖ 糖粉 20 克

其他材料：

鸡蛋液、巧克力各适量

制作要点

- 鸡蛋液需要用常温下的，每次加蛋液都要充分打匀才能继续添加。
- 烤盘要提前铺油纸，或者用不粘烤盘。
- 这款饼干上色不宜太重，烤至底部边缘微微焦黄就要加盖锡纸。

制作步骤

无盐黄油室温软化后加入糖粉，用电动打蛋器打匀。

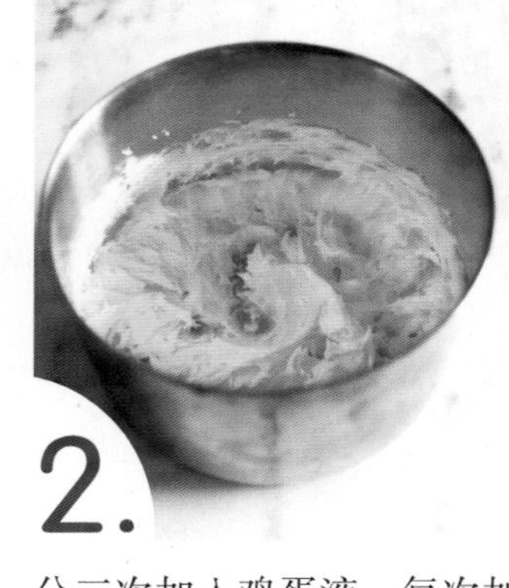

分三次加入鸡蛋液，每次加蛋液都要充分打匀，打至颜色变浅。

加入无糖奶粉搅匀后，再加入过筛的低筋面粉，揉成面团。

将面团分成 3 份，一大两小的面团，2 份小面团做耳朵，搓成三角状长条，1 份大面团做脸，搓成长柱形。

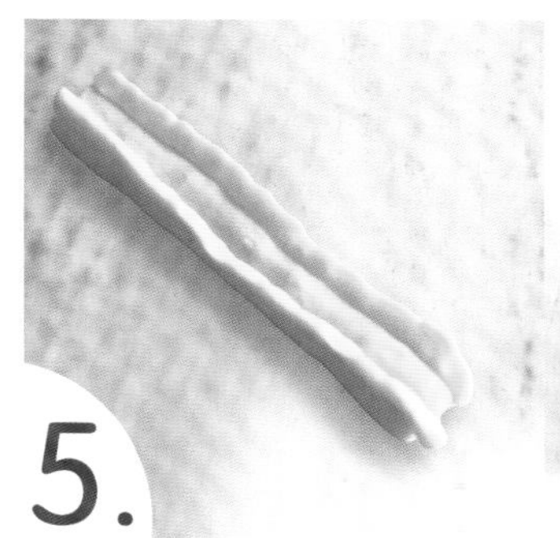

5.

将做成脸的长柱形面团刷一层鸡蛋液，做耳朵的两个三角状长条粘在头顶上，盖上保鲜膜冷藏 1 小时左右。

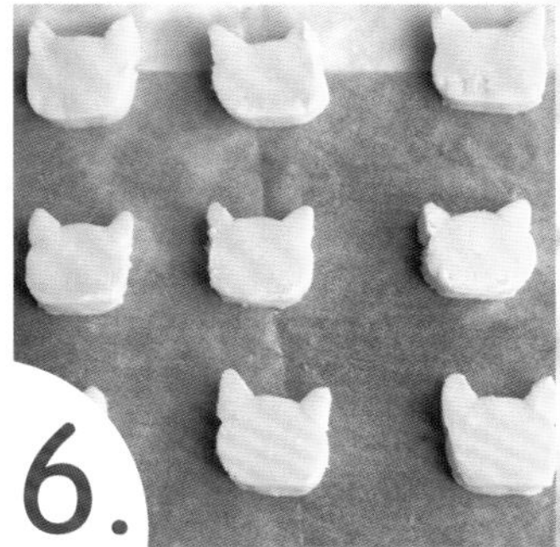

6.

在面团表面比较硬的时候取出，切成 0.3 厘米左右的片，放入预热好的烤箱中层烘烤。

7.

烤好后取出，晾到微温时，将巧克力融化装入裱花袋里，在饼干上画出眼睛、鼻子、嘴等即可。

在制作饼干时充分发挥想象力，做出吸引眼球的造型，就会变成小朋友们心中的“魔法师”哦。

蔓越莓奶酥

小朋友很喜欢吃的蔓越莓甜品，酥到掉渣又香气飘飘，做小零食非常合适，回味会有点微酸的口感，还别有一番浓郁奶香味。

准备食材

低筋面粉 110 克
无盐黄油 55 克
蛋黄 35 克（约 2 个）
蔓越莓干 25 克
无糖奶粉 15 克
糖粉 15 克
其他材料：
鸡蛋液适量

制作要点

- 蔓越莓干提前泡软，擦干后切碎。
- 注意奶酥表面上色情况，及时加盖锡纸。

蔓越莓干做成奶酥，味道令人惊喜，酸甜的味道、酥松的口感给即将忙碌的一天都带来活力。

烤制方案

蔓越莓奶酥

烤箱温度	预热时间	烤制时间
上管 150℃ 下管 150℃	10 分钟	30 分钟

制作步骤

无盐黄油室温软化后加糖粉，用电动打蛋器搅打均匀。

蛋黄分三次加入，每次加入蛋黄都要充分搅打均匀。

加入无糖奶粉搅拌均匀。

加入低筋面粉和切碎的蔓越莓干，拌压成团。

擀成约 0.5 厘米厚的方片，分割成若干小块排入烤盘。

表面刷蛋黄液，放入预热好的烤箱中层烘烤。烤好后在烤盘中晾到微温，再将饼干移到冷却架上凉透。

巧克力软曲奇

巧克力软曲奇无论热食还是冷食都非常好吃，热食外脆里软，冷食酥酥脆脆。酥软的经典曲奇搭配上味道浓郁的巧克力，一口下去，晕染在舌尖上的是爆浆般的幸福感。

准备食材

面团材料：

低筋面粉 150 克
无盐黄油 100 克
鸡蛋液 65 克（约 1 个）
盐 1 克
泡打粉 2 克
耐烤巧克力豆 50 克
⚖ 无糖可可粉 20 克
⚖ 糖 40 克

装饰材料：

耐烤巧克力豆适量

制作要点

- 选择纯可可粉和纯巧克力豆，曲奇的味道才浓郁。
- 面团拌到看不到干粉就可以，不要过度搅拌。
- 喜欢软的就把曲奇塑型厚一些；喜欢酥酥脆脆的就把曲奇塑型薄一点儿。但要注意根据厚度调整烘烤时间。

巧克力软曲奇

烤箱温度	预热时间	烤制时间
上管 180℃ 下管 180℃	5 分钟	15 分钟

不管是家庭聚会还是私人派对，酥、香、软的巧克力软曲奇都是当之无愧的派对王。

制作步骤

无盐黄油加盐、糖，隔热水融化，或者微波炉加热使其融化后，搅拌均匀。

加入鸡蛋液搅拌均匀。

将无糖可可粉、低筋面粉、泡打粉筛入盆里（步骤 2）。

用刮刀拌至略有干粉。

加入耐烤巧克力豆拌到无干粉状态。

盖上保鲜膜放冰箱冷藏 1 小时。

将面团分成若干约 30 克的小面球，排入烤盘。

将小面球轻轻按至微扁。

将装饰材料中的耐烤巧克力豆轻轻压在小面球表面，放入烤箱中层烘烤即可。

全麦饼干

这款全麦饼干不仅具有麦香味，其中的全麦粉还赋予了饼干丰富的口感，你会发现，这款饼干的味道吃起来似曾相识。

准备食材

普通面粉 240 克
全麦粉 80 克
泡打粉 7 克
盐 5 克
无盐黄油 90 克
橄榄油 15 克
水 90 克
⚖ 糖 10 克
其他材料：
无盐黄油、盐各适量

⚠ 制作要点

- 将饼干放到冷却架上晾凉后，密封保存即可。

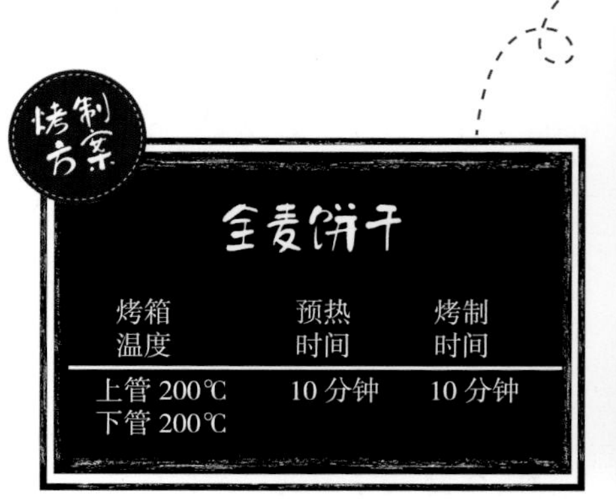

烤制方案

全麦饼干

烤箱温度	预热时间	烤制时间
上管 200℃ 下管 200℃	10 分钟	10 分钟

制作步骤

将无盐黄油切成小块，放入冰箱里冻硬。

将普通面粉、全麦粉、泡打粉、糖和盐混合均匀。

加入冻硬的无盐黄油块搓成沙砾状。

橄榄油和水混合后，倒入面粉中混合成团。

将面团擀成薄片，用模具压出饼干形状，用叉子插出洞。

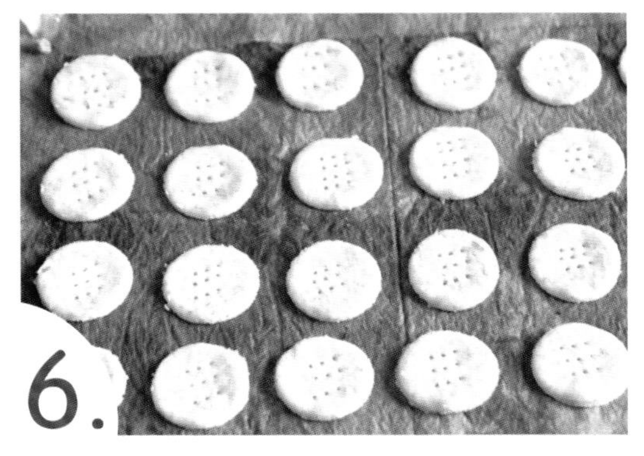

将饼干坯一起排入烤盘，放入预热好的烤箱中层，烤好后取出饼干，表面上刷一层融化的无盐黄油，撒几粒盐即可。

肉松蛋黄饼干

一起动手做点好吃的吧！咸蛋黄和肉松果然是好搭档，咸味的饼干没有那么腻，真是越吃越好吃。

准备食材

普通面粉 120 克
全麦粉 40 克
泡打粉 4 克
无盐黄油 45 克
橄榄油 8 克
水 45 克
生咸蛋黄 3 个
肉松 20 克
糖 5 克

▲ 制作要点

• 烘烤过程中注意观察饼干上色情况，及时加盖锡纸，避免上色过重。

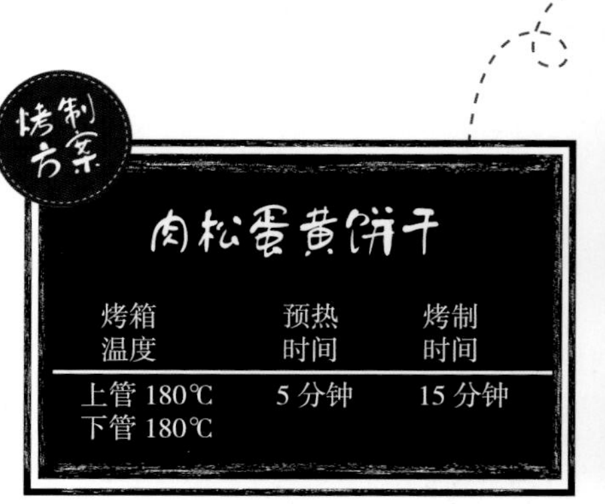

烤制方案

肉松蛋黄饼干

烤箱温度	预热时间	烤制时间
上管 180℃ 下管 180℃	5 分钟	15 分钟

制作步骤

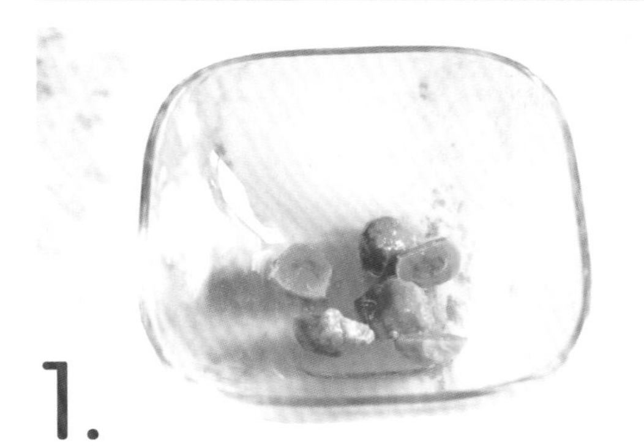

1.

将生咸蛋黄放入烤箱烤酥，切开。

2.

将烤好的咸蛋黄压成碎末待用。

3.

将无盐黄油切成小块，放入冰箱冻硬。

4.

普通面粉、全麦粉、泡打粉、糖混合均匀，加入冻硬的黄油块，搓成沙砾状。

5.

加入橄榄油、水、咸蛋黄碎和肉松揉成团，裹保鲜膜放入冰箱冷藏松弛。

6.

将面团擀成薄片，用模具压出饼干形状，用叉子插出洞；将饼干坯排入烤盘，放入预热好的烤箱中层，烤好后取出，放到冷却架上晾凉后，密封保存。

第五章 美味下午茶，享受点滴惬意时光

香软可口的酥皮泡芙、口感丰富的夹心华夫饼、清新美味的椰香乳酪布丁……亲手做一份简单却美味的下午茶，享受烘焙带来的甜蜜和美好，放下心中的烦恼，忘却周身的疲惫，让时光慢下来。

蜂蜜吐司角

吐司放久了容易变硬，口感变差，扔掉又太浪费，可以拿来烤脆片，再搭配上蜂蜜，味香酥脆。

准备食材

吐司片 3 片
无盐黄油 20 克
蜂蜜 20 克

▲制作要点

- 要随时观察吐司角表面的上色情况，及时加盖锡纸。

烤制方案

蜂蜜吐司角

烤箱温度	预热时间	烤制时间
上管 170℃ 下管 170℃	5 分钟	15 分钟

蜂蜜和黄油是一对好搭档，涂在吐司上烘烤，可以让吐司焦黄酥脆。

制作步骤

1. 将吐司片切成三角形或者其他自己喜欢的形状。

2. 将切好的吐司片排入不粘烤盘中，若用普通烤盘应提前垫油纸。

3. 将蜂蜜和融化好的无盐黄油混合均匀。

4. 将切好的吐司角两面都刷上蜂蜜黄油，放入烤箱中层烤脆即可食用。

蛋黄酥

蛋黄酥是一款经典的咸甜味酥皮点心，油皮缠着油酥，油酥裹着豆沙，豆沙包着蛋黄，趁热吃，一口咬下去酥掉渣。

准备食材

油酥材料：

低筋面粉 250 克　　植物油 100 克

油皮材料：

普通面粉 200 克　　植物油 40 克

淡奶油 80 克　　水 45 克

馅料：

豆沙、咸蛋黄各适量

其他材料：

蛋黄液、黑芝麻各适量

制作要点

- 酥皮点心的皮制作时容易被风干，所以一定要将面剂用保鲜膜盖好，避免风干。
- 烘烤过程中先以 180℃烘烤 15 分钟，表面上色后加盖锡纸，转 175℃烘烤 20 分钟，总计烘烤 35 分钟。
- 此配方在制作过程中可以不用提前烤透生咸蛋黄，咸蛋黄的油留在蛋黄酥里更美味!

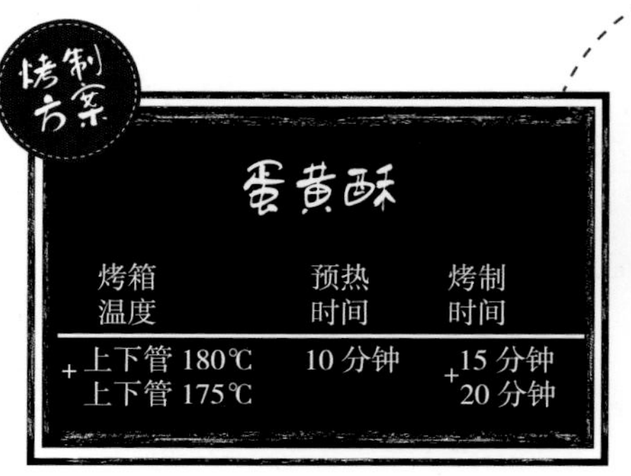

烤制方案

蛋黄酥

烤箱温度	预热时间	烤制时间
上下管 180℃ + 上下管 175℃	10 分钟	15 分钟 + 20 分钟

蛋黄酥外皮层层叠叠，咸蛋黄的油润咸香与豆沙的香甜融合得浑然一体，令人难以忘怀。

制作步骤

将全部油酥材料混合均匀，揉成面团，放入保鲜袋，冰箱冷藏松弛 30 分钟。

将全部油皮材料混合均匀，揉成面团，盖上保鲜膜松弛 15 分钟。

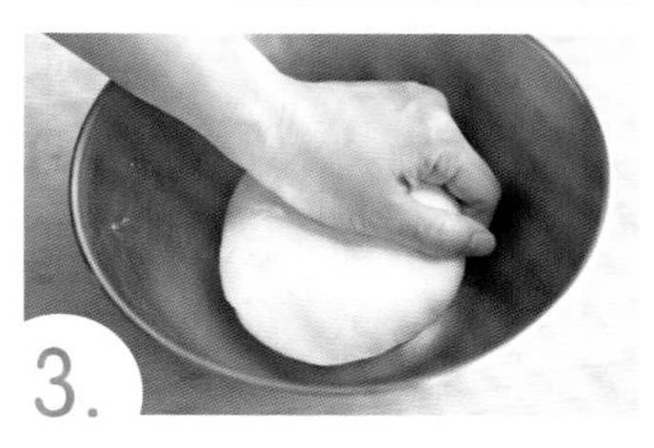

将油皮面团（步骤 2）轻轻揉至光滑，放入保鲜袋，冰箱冷藏松弛 30 分钟。

在松弛油皮面团时制作馅料，豆沙包住咸蛋黄揉圆，每个馅重约 50 克。

松弛好的两种面团取出，油酥面团和油皮面团分别分成相同等份，用油皮包住油酥，收口处捏紧，盖上保鲜膜待用。

将混合好的若干面团分别擀成长牛舌状面饼。

由上至下卷起。

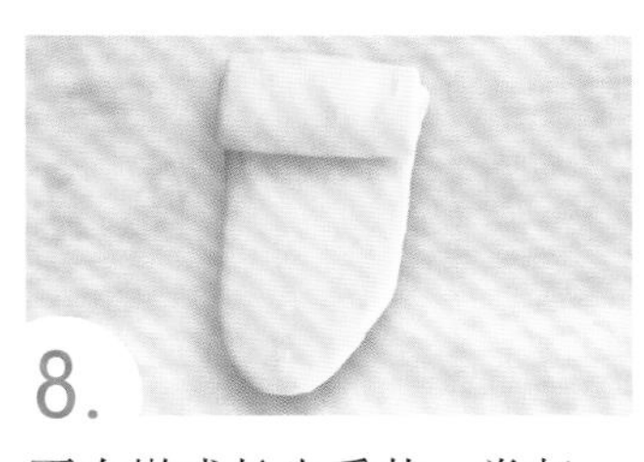

再次擀成长牛舌状，卷起。

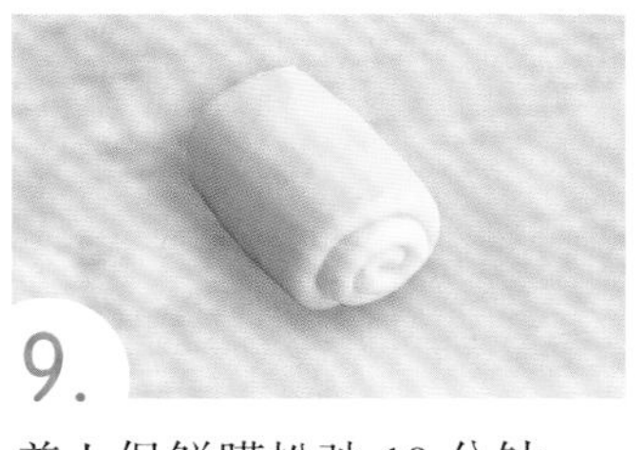

盖上保鲜膜松弛 10 分钟。

分别将松弛好的面剂（步骤 9）两头向内折，压扁。

擀开，中间放入馅，包住，收口处捏紧。

光滑面朝上，刷上蛋黄液，点上黑芝麻，放入预热好的烤箱中下层，烤好取出，室温晾凉即可。

花朵豆沙酥

漂亮的花朵豆沙酥外观色白，有豆沙和油酥的香味，皮酥馅软，口感绵润回甘，老幼皆宜。佳节送亲朋好友，再合适不过了。

准备食材

油酥材料：

低筋面粉 107 克

植物油 45 克

油皮材料：

低筋面粉 88 克

植物油 20 克

水 40 克

馅料：

豆沙馅、黑芝麻各适量

制作要点

- 酥皮点心制作时面皮容易被风干，所以要将面剂用保鲜膜盖好，避免风干。
- 烘烤过程中需要加盖锡纸，这款豆沙酥不需要上色。

烤制方案

花朵豆沙酥

烤箱温度	预热时间	烤制时间
上管 200℃ 下管 200℃	15 分钟	22 分钟

制作步骤

将全部油酥材料混合均匀，揉成面团放入保鲜袋，放冰箱冷藏松弛 30 分钟。

将全部油皮材料混合均匀，揉成面团，盖上保鲜膜松弛 15 分钟。继续将面团揉至光滑，放入保鲜袋，放冰箱冷藏松弛 30 分钟。

松弛好的面团都取出，将油酥面团和油皮面团分别分成6个大小相同的面剂，并用油皮包住油酥，收口处捏紧，盖上保鲜膜备用。

将面团分别擀成长牛舌状面饼。

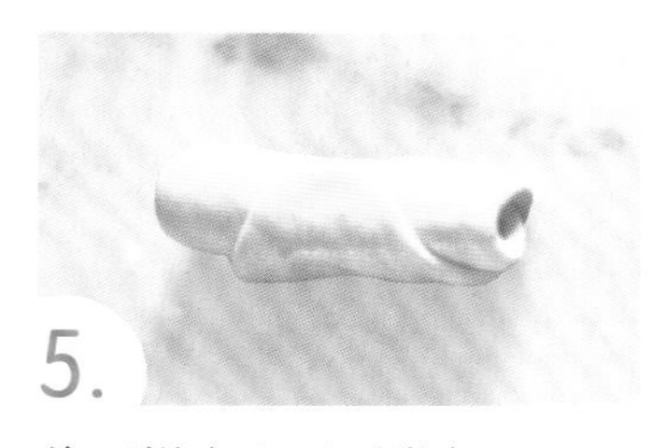

将面饼由上至下卷起。

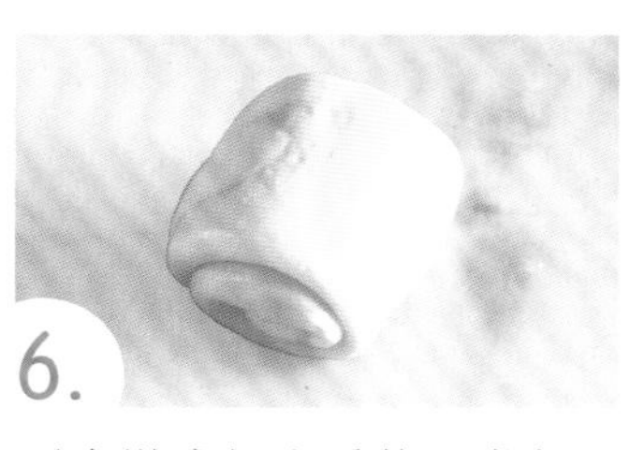

再次擀成长牛舌状，卷起，盖上保鲜膜松弛 10 分钟。

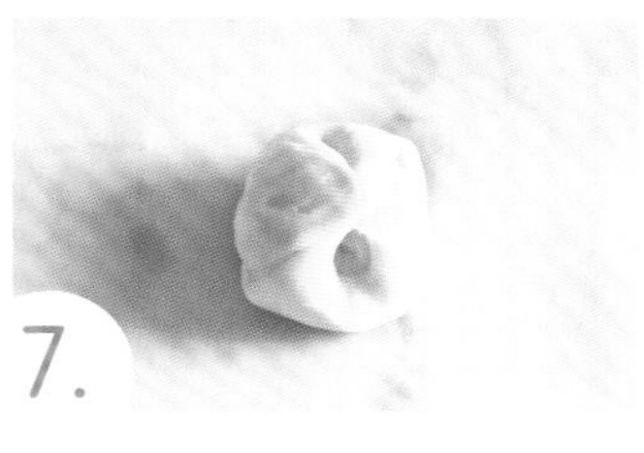

取一个面剂（步骤 6），两头向内折，压扁。

擀开，中间放入豆沙馅，包住，收口处捏紧。

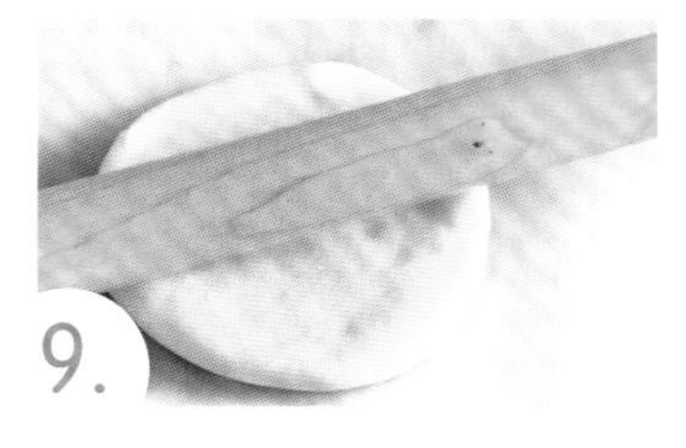

光滑面朝上，用擀面杖擀成约 0.5 厘米厚的圆饼。

用刀在圆饼四周均匀切割 5 下，圆心不要切。再在切割好的面饼上各轻划 2 下。

将面饼做出花瓣造型，在花心点水，沾上黑芝麻。

将生坯放在铺好油纸的烤盘上，放进预热好的烤箱中下层，烤好取出，室温晾凉即可。

卡通面包片

可爱的卡通面包片，心意也可以通过这一点点的小心思来传递，做这样一款小点心，当作早餐，带给家人童趣和满满爱意。

准备食材

吐司片、巧克力各适量

清晨，和爱的人一起在吐司上画可爱的图案，享受温馨的时光。

烤制方案

卡通脆片

烤箱温度	预热时间	烤制时间
上管 180℃ 下管 180℃	10 分钟	5 分钟

制作步骤

在锡纸光亮的那一面画卡通图案，然后剪下来。

将剪好的卡通锡纸摆在吐司片上，光亮的一面朝上。

将放上锡纸的吐司片放入预热好的烤箱中层，烘烤好后取出。

将巧克力隔水融化后装入裱花袋里，按照锡纸留在吐司片上的痕迹，勾出轮廓并做出造型即可。

烤麦片

脆脆的烤麦片，还有各种丰富的水果干和坚果，拌着酸奶一起吃，既方便又美味，可以当作早餐哦！

准备食材

即食燕麦片 250 克
坚果 100 克
葡萄干 40 克
蔓越莓干 40 克
无盐黄油 20 克
色拉油 25 克
巧克力脆豆适量
冻干水果干适量
⚖ 土红糖 35 克
⚖ 枫糖浆 40 克

▲ 制作要点

- 一定要待烤麦片全部凉透后，再放巧克力脆豆和冻干水果干，用量可根据自身喜好添加。
- 烤麦片凉透后，要放入袋子或者瓶子中密封保存，一旦受潮就不脆了。

烤制方案

烤麦片

烤箱温度	预热时间	烤制时间
上管 180℃ 下管 180℃	10 分钟	20 分钟

有水果干的酸甜，有坚果的酥脆，一口接一口，又香又酥。

制作步骤

将坚果掰成小块。

将即食燕麦片、坚果、葡萄干、蔓越莓干、土红糖放入盆里搅拌均匀。

加入枫糖浆、融化的无盐黄油和色拉油，拌匀。

铺在不粘烤盘里，放进预热好的烤箱中下层烘烤。

烤 10 分钟后取出，用铲子铲松，翻面，继续烤 10 分钟，取出放在烤盘上，用铲子再次铲松。

待烤好的麦片全部凉透，加入巧克力脆豆和冻干水果干拌匀，装入容器密封保存即可。

牛奶酥饼

美食对于“吃货”的意义不仅是填饱肚子了，更是精神上的一种享受。奶味浓郁的牛奶酥饼，口口酥脆，无论是大人还是小朋友都喜欢吃。

准备食材

油皮材料：

无盐黄油 50 克

水 55 克

普通面粉 130 克

油酥材料：

无盐黄油 70 克

低筋面粉 130 克

馅料材料：

无盐黄油 70 克

鸡蛋液 30 克（约 1/2 个）

奶粉 130 克

⚖ 糖粉 20 克

其他材料：

蛋黄液适量

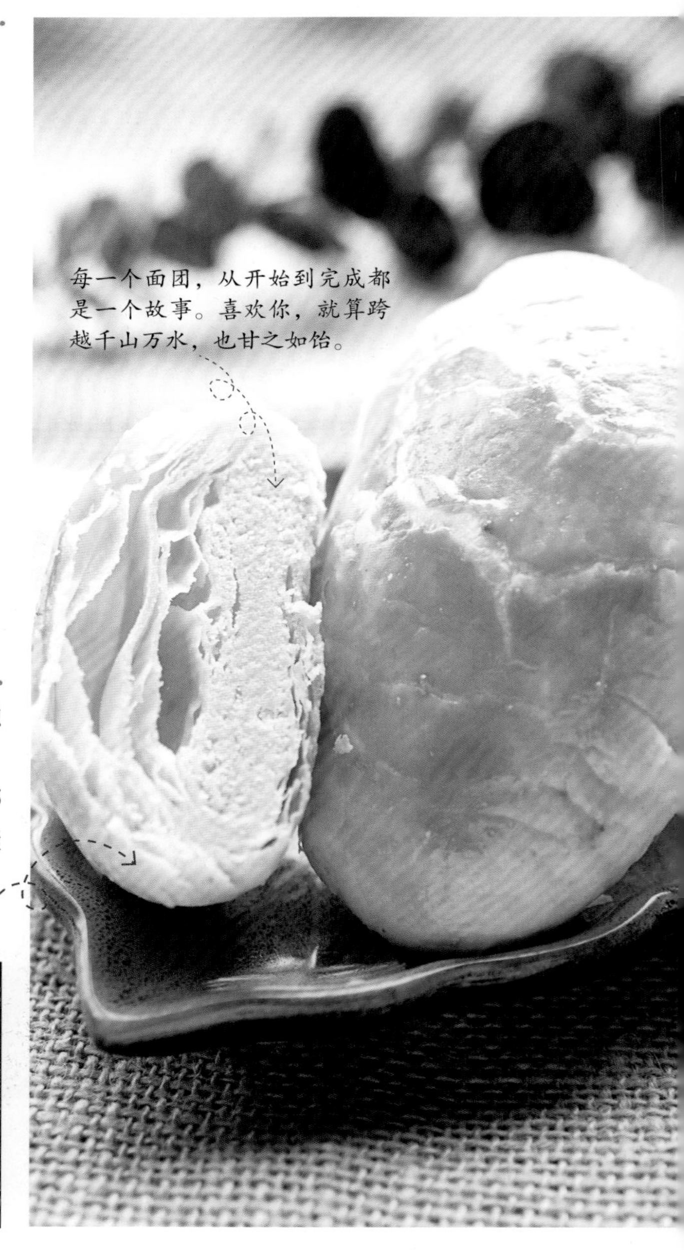

制作要点

- 无盐黄油室温软化，不需要加热融化成液体。
- 烘烤过程中，上下管设置 180℃烘烤 15 分钟，盖上锡纸后上下管设置 150℃继续烘烤 10 分钟，总计烘烤 25 分钟。

烤制方案

牛奶酥饼

烤箱温度	预热时间	烤制时间
上下管 180℃ + 上下管 150℃	10 分钟	15 分钟 + 10 分钟

制作步骤

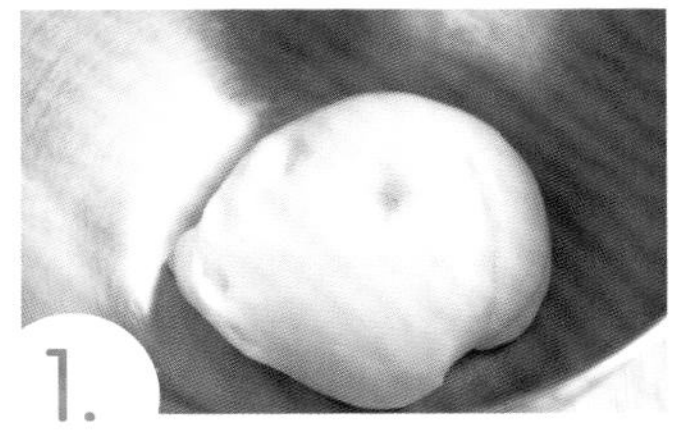

1. 油皮材料中的无盐黄油软化后加入普通面粉、水，揉成光滑的面团，裹上保鲜膜松弛 30 分钟。

2. 油酥材料中的无盐黄油软化后加入低筋面粉，揉成油酥，裹上保鲜膜松弛 30 分钟。

3. 在松弛面团时制作馅料：馅料材料中的无盐黄油软化后加糖粉搅匀，再加入鸡蛋液搅匀，最后加入奶粉拌匀即可。

4. 将松弛好的两份面团取出，油皮和油酥分别分成 10 等份，并用油皮包裹住油酥，收口处捏紧，盖上保鲜膜备用。

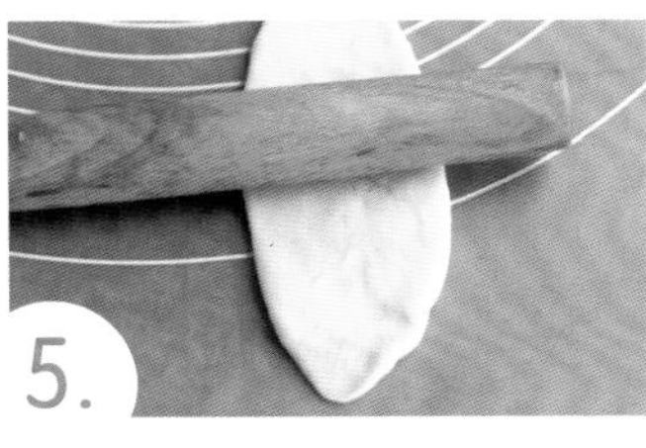

5. 将面团分别擀成长牛舌状面饼。

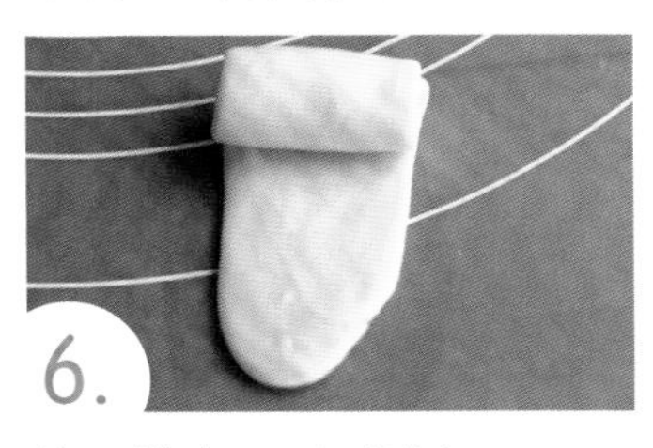

6. 将面饼由上至下卷起。

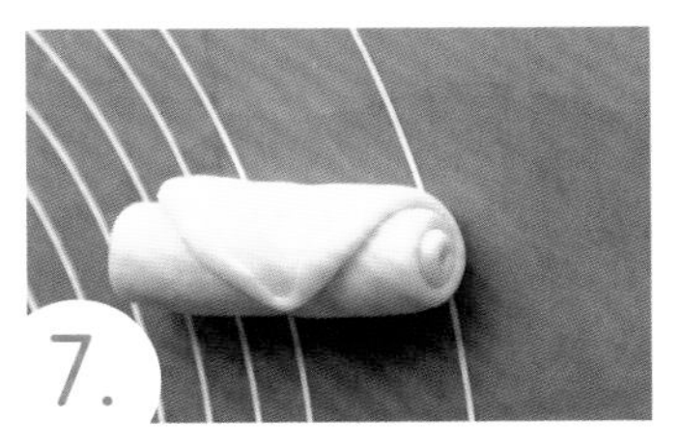

7. 再次擀成长牛舌状面饼并卷起。

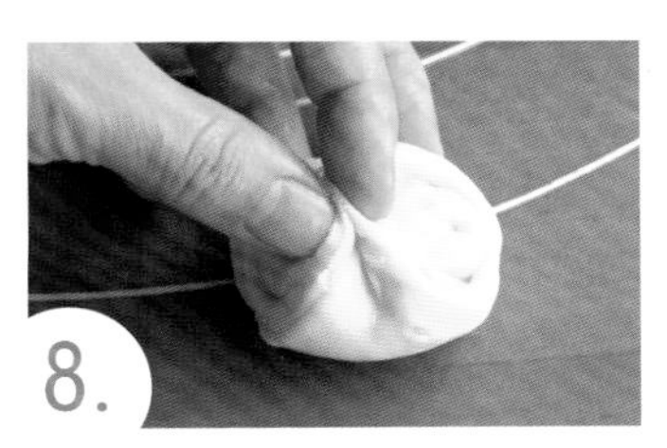

8. 取一个面剂（步骤 7），两头向内折，压扁。

9. 擀开，中间放入适量馅（步骤 3）。

10. 包住，收口处捏紧。

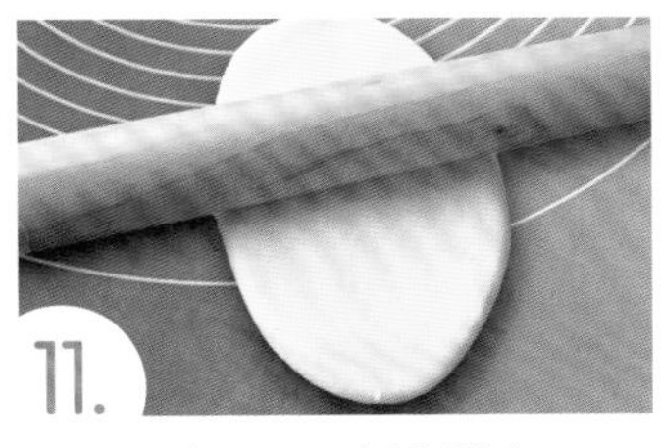

11. 光滑面朝上，略微擀扁。

12. 刷上蛋黄液，放入预热好的烤箱中下层，烤好后取出，晾凉即可。

夹心华夫饼

华夫饼因其简单的工艺，精致的造型，得以快速流传。华夫饼口感松软有嚼劲，不仅能直接搅拌面糊烘烤，还可以根据馅料做成不同口味。

准备食材

面团材料：

普通面粉 150 克
牛奶 60 克
鸡蛋液 50 克（约 1 个）
无盐黄油 20 克
盐 1 克
酵母粉 2 克
奶粉 20 克
糖 5 克

馅料材料：

豆沙馅适量

制作要点

- 根据华夫饼机的实际情况调整烤制时间。
- 馅料不可放太多，以免压的时候露馅。
- 可以根据喜好把馅换成巧克力、芝士、火腿等食材。
- 此款华夫饼适合即做即食，提前一晚揉好面团放入冰箱冷藏发酵，第二天直接烘烤即可。

制作步骤

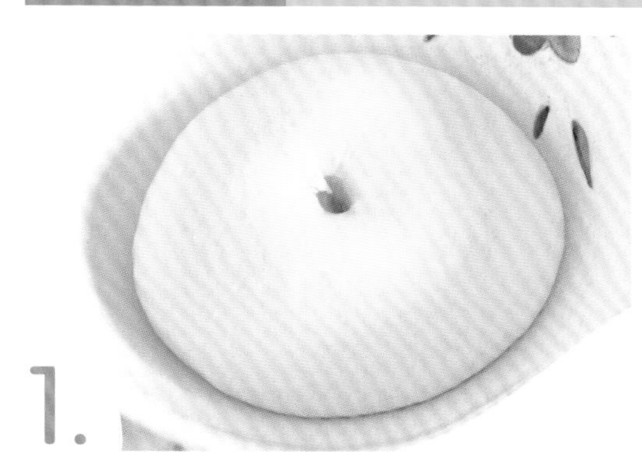

将所有面团材料混合，揉成光滑的面团，发酵至两倍大。

分割成若干个 15~20 克的小面团并揉圆，盖保鲜膜松弛 10 分钟。

分别将小面团压扁，包入豆沙馅。

收口处捏紧。

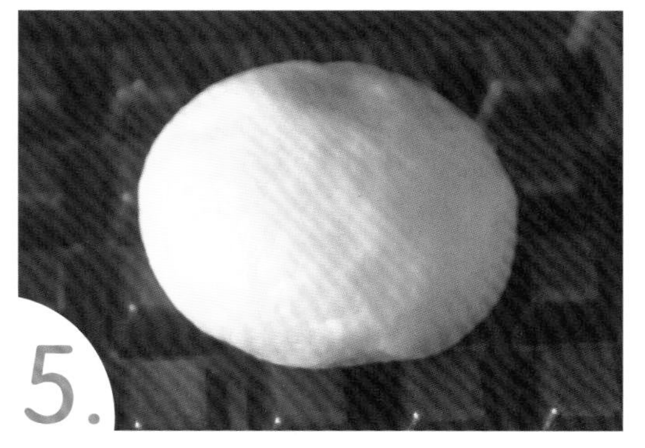

放入华夫饼机中，合起盖子加热。

加热至两面焦黄即可。

毛巾卷

毛巾卷是一款能够惊艳到大家的美味，外表像卷起的毛巾，内心却很细腻，吃第一口就会被它的软折服，爆进口中的淡奶油是满满的幸福感。

准备食材

面团材料:

鸡蛋液 40 克（约 1 个）
牛奶 65 克
低筋面粉 10 克
无盐黄油 5 克
⚖ 无糖可可粉 3 克
⚖ 糖 10 克

其他材料:

淡奶油 120 克
⚖ 糖 10 克

▲ 制作要点

- 此配方用量可以烙 6 张 5 寸饼皮。
- 烙饼皮时可以先在锅里擦一圈黄油，再用厨房纸擦掉，这样防粘的效果更好。
- 倒入面糊时，不粘锅要有温度才能将面糊挂住，并且要迅速旋转不粘锅，让面糊成为一张圆饼。

制作步骤

将鸡蛋液中加入糖、牛奶充分搅匀，再加入过筛的低筋面粉和无糖可可粉，拌匀。

再加入融化成液体的无盐黄油拌匀，制成面糊。

将面糊过筛。

舀一勺面糊倒入不粘平底锅中，小火加热至饼皮表面鼓起来，将饼皮放在冷却架上晾凉。

淡奶油加糖打发成奶油，均匀涂抹在一张饼皮上。

错开一部分盖上另一张饼皮，继续抹一层打发的奶油。

3 张饼皮为一层，先叠好 3 张饼皮并抹奶油；再叠好 3 张饼皮在第二层抹好奶油。

将抹好淡奶油的饼皮两侧向内折。

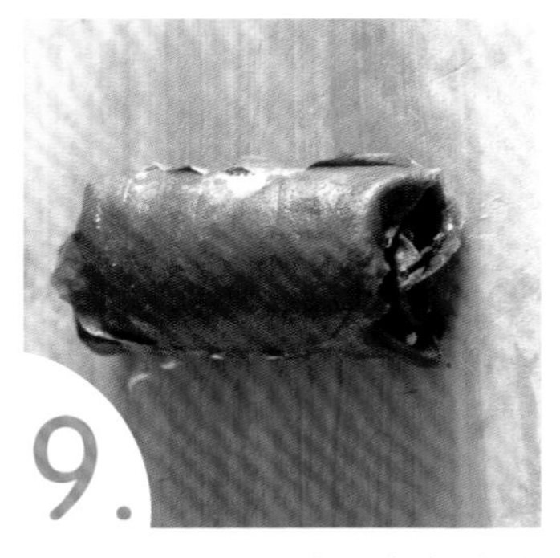

从上至下卷起，裹上保鲜膜放进冰箱冷藏 2 小时后，切开即可。

酥皮泡芙

酥皮泡芙表面裹着一层细沙的酥皮，吃起来外酥内软，口感微妙丰富。一口爆浆的酥皮泡芙，绝对可以满足挑剔的味蕾。

准备食材

酥皮材料：

无盐黄油 120 克

低筋面粉 120 克

 糖粉 30 克

泡芙材料：

无盐黄油 75 克

牛奶 170 克

低筋面粉 105 克

鸡蛋液 230 克（约 5 个）

糖 1 克

制作要点

- 鸡蛋液要用室温的，如果是冷藏的鸡蛋，需要提前拿出来回温，或者打散后放在热水里回温。
- 鸡蛋液加入面糊里的时候，开始会比较难混合。一定要多次少量慢慢加，先用刮刀搅拌，最后可以用手动打蛋器搅拌均匀。
- 烤盘要提前铺油纸或者使用不粘烤盘。
- 馅可以用打发的淡奶油，淡奶油加糖；也可以用自制的卡仕达酱（做法参见第 11 页）。
- 烘烤时先以上管 200℃、下管 160℃烘烤 10 分钟，再转上管 180℃、下管 160℃烘烤 15 分钟，烤好后闷半分钟再取出，中途不要开烤箱门。

酥皮泡芙

烤箱温度	预热时间	烤制时间
上管 200℃ 下管 160℃ + 上管 180℃ 下管 160℃	10 分钟	10 分钟 + 15 分钟

制作步骤

将酥皮材料中的无盐黄油切小块冻硬后，筛入低筋面粉，再加入糖粉拌匀，搓成沙砾状。

再揉成长柱状，裹上保鲜膜，放冰箱冷藏 30 分钟。

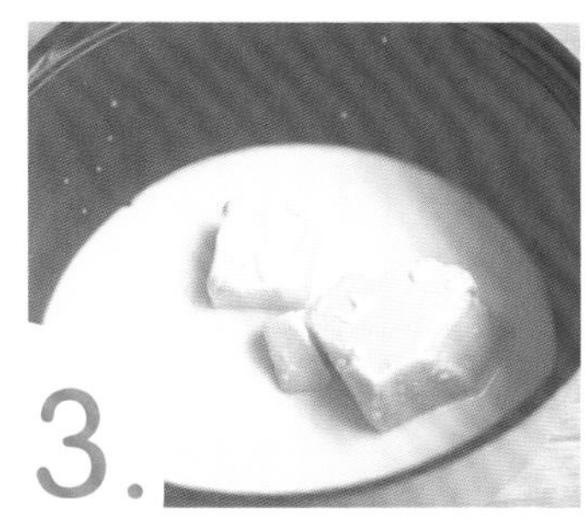

将泡芙材料中的牛奶、无盐黄油、糖大火煮沸后，转小火。

再筛入低筋面粉（105 克），迅速搅拌，加热至锅底出现一层结皮，立刻离火，制成面糊。

将面糊放入另一个盆中降至温热，鸡蛋液分多次加入，每次加入都要拌匀。

将拌好的面糊装入裱花袋中。

将面糊挤在烤盘上，从冰箱中拿出长柱状酥皮（步骤 2），切片，酥皮片盖在面糊上面。

放入预热好的烤箱中下层，烘烤结束后，闷半分钟再开烤箱门。

取出泡芙放在冷却架上晾凉，用裱花袋戳泡芙底部，挤入泡芙馅即可。

酸奶玉米松饼

选择酸奶玉米松饼作为早餐吧！这道酸奶玉米松饼制作方法简单，但却很有营养，还十分美味。粗粮细吃，改善了粗粮口感，让松饼非常松软。

准备食材

细玉米面粉 10 克
蛋黄 35 克（约 2 个）
蛋清 70 克（约 2 个）
无盐黄油 15 克
低筋面粉 30 克
⚖ 糖 20 克
⚖ 无糖酸奶 25 克

▲ 制作要点

- 细玉米面粉是玉米磨的粉，不是玉米淀粉。
- 每次烙饼前，可将平底锅底放在湿布上降温，再挤上面糊，这样松饼的表面颜色会很均匀、漂亮。

制作步骤

蛋黄加无糖酸奶搅拌均匀。

加入融化的无盐黄油搅拌均匀。

加入过筛的低筋面粉和细玉米面粉，制成面糊。

将面糊搅拌均匀。

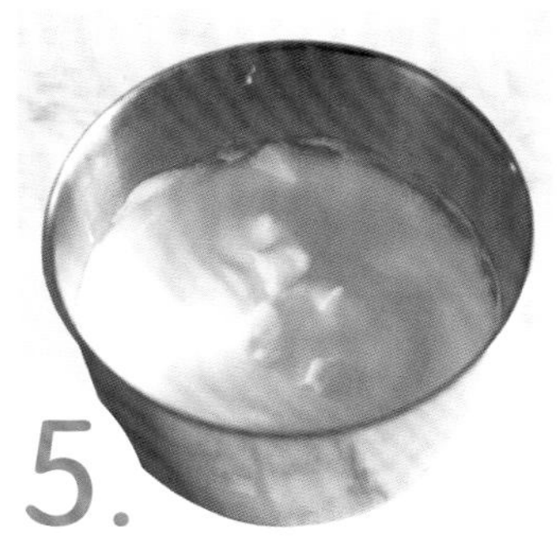

蛋清加糖打成蛋白霜，以能拉出小弯钩状为准。

将蛋白霜分三次加到面糊中，每一次加入都要翻拌均匀（手法参见第 17 页）。

将拌好的面糊装入裱花袋中。

在凉的不粘平底锅中挤上面糊，开小火加热至一面焦黄。

翻到另一面，也加热至焦黄即可。

香芋肉松蛋黄饼

咸蛋黄和肉松是一对好搭档，加上芋泥的调和，咸甜交织口味的酥皮点心总是给人特别的口感。

准备食材

酥皮材料：

植物油 15 克　　淡奶油 80 克

普通面粉 100 克

油酥材料：

低筋面粉 125 克　　植物油 50 克

馅料材料：

芋泥 210 克　　生咸蛋黄 6 个

肉松适量

其他材料：

蛋黄液适量

制作要点

- 烘烤时先以上下管各 180℃烘烤 15 分钟上色，盖上锡纸后以上下管各 175℃继续烘烤 20 分钟，总计烘烤 35 分钟。
- 芋泥的制作：荔浦芋头去皮、洗净后，切片，蒸熟，压成泥，再根据自己的喜好加入奶粉和糖，拌匀即可。

烤制方案

香芋肉松蛋黄饼

烤箱温度	预热时间	烤制时间
上下管 180℃ + 上下管 175℃	10 分钟	15 分钟 + 20 分钟

制作步骤

将所有油酥材料混合均匀，揉成油酥面团，裹上保鲜膜松弛 30 分钟。

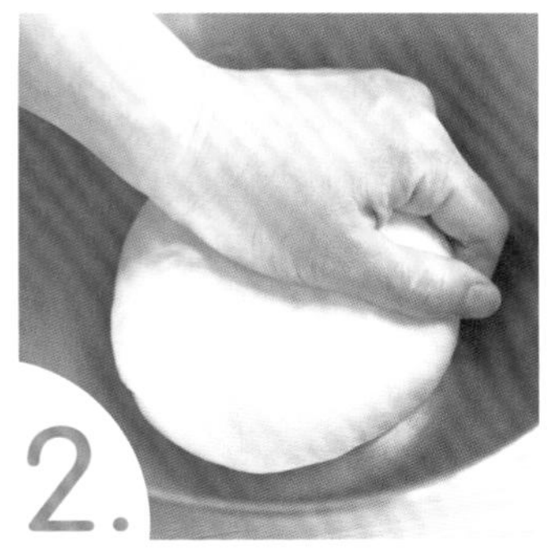

所有酥皮材料混合均匀，揉成面团，再继续轻轻揉至光滑，裹上保鲜膜松弛 30 分钟。

将松弛好的面团都取出，油酥面团和酥皮面团分别分成 6 等份，并用酥皮包住油酥，收口处捏紧，盖上保鲜膜备用。

将所有面团分别擀成长牛舌状面饼，由上至下卷起。

将卷好的面剂竖向摆放，再次擀长。

继续由上至下卷起，盖保鲜膜松弛。

取一个面剂（步骤 6）两头向内折，压扁。

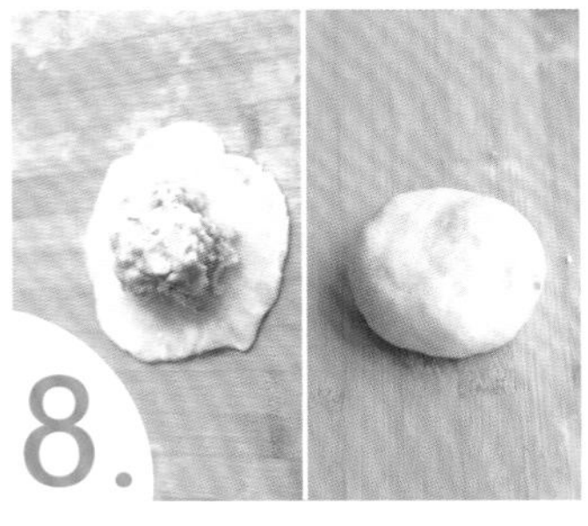

略微擀一下，中间放入压扁的肉松、生咸蛋黄、芋泥，包住。收口处捏紧，光滑面向上，略微压扁。

刷上蛋黄液，割几道裂口，放入预热好的烤箱中下层，烤好后取出，晾凉即可。

岩烧吐司

岩烧吐司，虽然做法很简单，但是味道却出奇好吃！浓郁的奶酪味，带着一丝丝咸，还有表面脆脆的杏仁片，简直就是点睛之笔。一杯咖啡，一片岩烧吐司，无论是作早餐还是下午茶都无比满足。

准备食材

芝士片 1 片
奶油奶酪 50 克
无盐黄油 10 克
炼乳 20 克
蛋黄 15 克（约 1 个 ）
吐司片 2 片
杏仁片适量

▲ 制作要点

- 芝士片和奶油奶酪一定要充分软化，没有微波炉也可以隔热水软化。软化至搅拌后无颗粒的状态即可。
- 芝士片可选用常见的方形原味芝士片。

烤制方案

岩烧吐司

烤箱温度	预热时间	烤制时间
上管 180℃ 下管 120℃	5 分钟	10 分钟

制作步骤

将芝士片、奶油奶酪、炼乳和无盐黄油放入碗中，在微波炉里加热至软化。

搅拌至均匀顺滑，无颗粒即可。

加入蛋黄，搅拌均匀，制成乳酪糊。

将吐司片摆入烤盘。

将乳酪糊（步骤 3）涂抹在吐司片上。

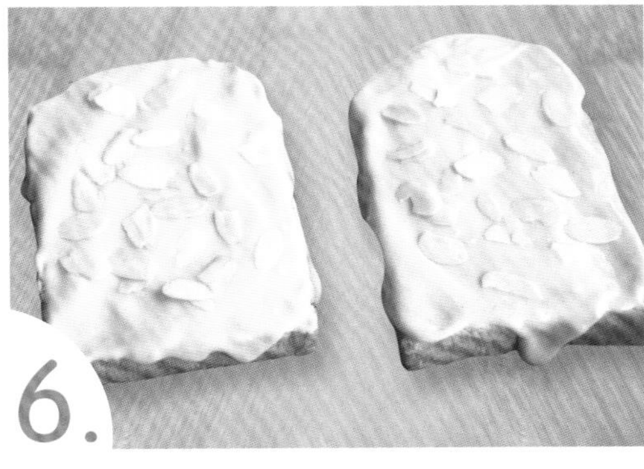

表面撒上杏仁片，放入烤箱烘烤中层，出炉后趁热食用。

椰香乳酪布丁

扫码看做法视频

烤制方案

椰香乳酪布丁

烤箱温度	预热时间	烤制时间
上管 150℃ 下管 150℃	5 分钟	30 分钟

这款布丁细腻、味浓，拥有丝滑的口感，奶香味十足，而且制作简单，一勺入口就是无尽的幸福感！

准备食材

奶油奶酪 50 克
椰浆 100 克
牛奶 140 克
鸡蛋液 40 克（约 1 个）
糖 15 克

制作要点

- 烘烤时间要根据模具大小灵活调整，烤到晃动布丁模具，模具内的布丁液已经凝固失去流动性即可。

制作步骤

1. 奶油奶酪加糖，隔水加热至柔软，离开热源，搅拌均匀。

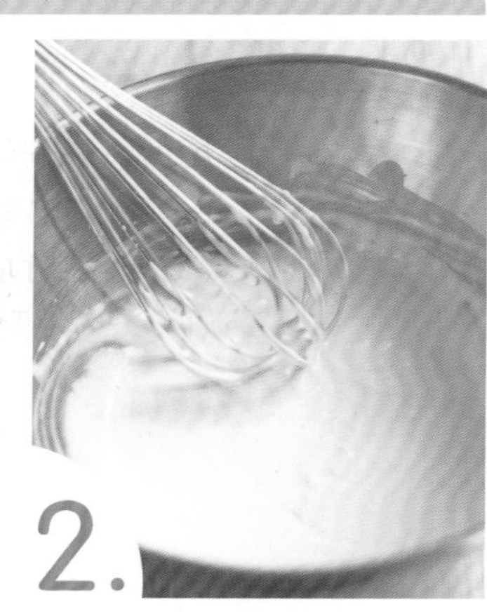
2. 加入椰浆和牛奶搅拌均匀。

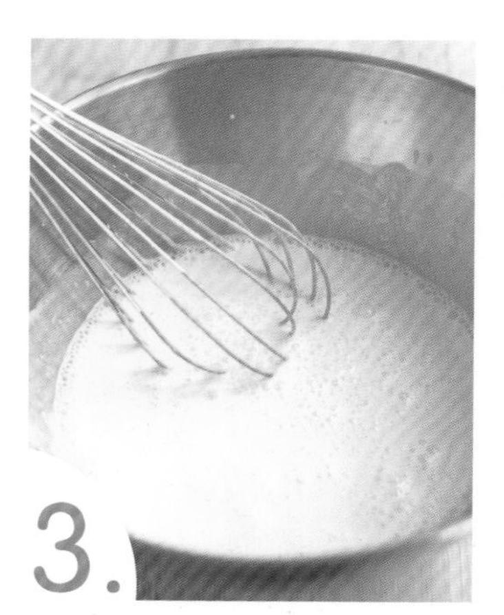
3. 加入鸡蛋液搅拌均匀。

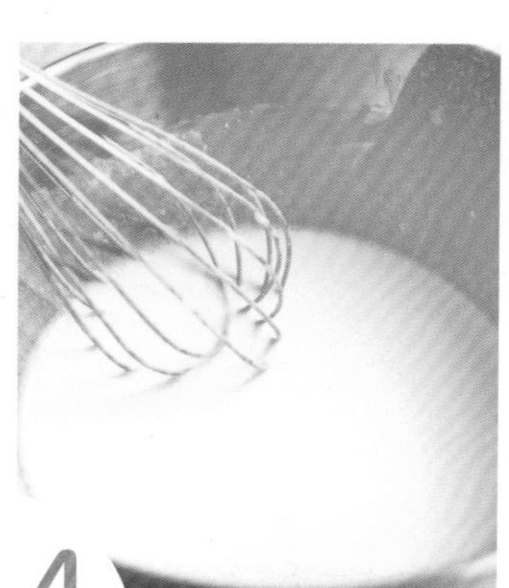
4. 过筛一遍，制成布丁糊。

5.

将布丁糊装入烤盅，放进烤盘，烤盘里注入水，放入预热好的烤箱中层，烤好后闷 2 小时取出，再放入冰箱冷藏两小时即可食用。

奶酪布丁吃起来软软滑滑的，放在嘴里入口即化，添加椰浆让它的风味更具特色，加薄荷叶点缀颜值更高哦！

酸奶司康

司康流传至今不再是一成不变的三角形，也可以做成圆形、方形或是菱形等各种形状。添加了酸奶的司康口感更松软，改良的工艺让口感和味道都完全升华了。趁热来一块司康吧，外脆里软，香味扑鼻！

准备食材

无盐黄油 40 克
普通面粉 200 克
盐 2 克
奶粉 20 克
酵母粉 2 克
牛奶 70 克
鸡蛋液 20 克（约半个）
无糖酸奶 30 克
 糖 15 克
其他材料：
鸡蛋液适量

制作要点

- 司康面团切忌反复揉搓，需用切、重叠、压扁的方式让液体和面团混合均匀且出现层次感。
- 在这款司康的基础上，可以添加自己喜欢的食材，例如肉松、培根、海苔等丰富口味，也可以加入可可粉等改变颜色。

司康是英式速食面包，它的名字是由一块有悠久历史并被称为司康之石或命运之石的石头而得来。

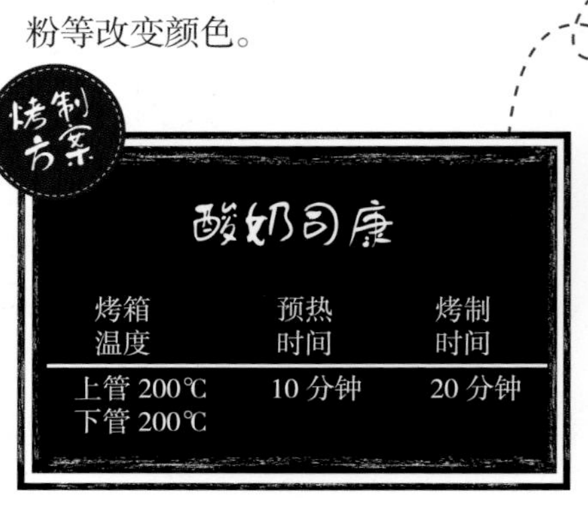

烤箱温度	预热时间	烤制时间
上管 200℃ 下管 200℃	10 分钟	20 分钟

制作步骤

将无盐黄油切成小块放入冰箱冷藏冻硬后，加入普通面粉、糖、盐、奶粉和部分酵母粉，搅匀。

用双手搓成沙砾状。

将牛奶、鸡蛋液（20 克）、剩余酵母粉和无糖酸奶混合，制成牛奶蛋液。

将牛奶蛋液倒入沙砾状面粉（步骤 2）里，混合均匀，揉成面团。

面团放案板上，压扁后切成两等份。

将两份面团重叠在一起。

制作步骤

再次将面团压扁，重复切开、重叠、压扁，操作 4~5 次。

将面团压成 2 厘米左右的厚度，分割成三角块状。

将分割好的小面块放入烤盘，盖上保鲜膜发酵至一倍大左右。

在发酵好的小面块表面刷鸡蛋液，放入预热好的烤箱中层烘烤，烤好后取出即可。